小さき
生きものたちの
国で

中村桂子

青土社

小さき生きものたちの国で

目次

はじめに　7

第1部　生命と科学

真の科学を呼び戻すきっかけに　17
豊かな想像力に支えられた「生きる力」　23
生命革命の提案　31
生成の中に生命の基本を探る　45
素直に考えれば答は見える　57

第2部　思慕と追憶

明るい食卓の喜び　67
全ての子どもに母の手料理を　73
あるがままのまどさんの世界　77
巨人を仰ぎ見る小人　97
夢好みの世界を追って　101
思いきり個人的な柴谷論　107

第3部　生活と視点

爽やかな風が吹くとき　119
賢治に学ぶ「本当のかしこさ」　123
自然の物語りを聞く　127

女性科学者の時代　137
おかしな競争を生む社会　141
時代をつくり続けるワトソンとＤＮＡ　145
ニホンミツバチに学ぶ　151
ミミズを見て心について考える　155
生命誌は「ふしぎの国」　165
おんなの子という本質を求めて　171

あとがき　177

初出　181

小さき生きものたちの国で

はじめに

いつも考えているのは「人間は生きものであり、自然の一部」ということです。こうして書いてみると、とてもあたりまえでとりたてて言うまでもないことのようにも思えますが、やはりこの視点は大切にしたいと思っています。

理由は二つあります。一つは、たまたま二十歳という大人への入り口でＤＮＡという物質に出会い、以来六十年、その研究からわかってくる生きものの姿がとても面白いと思ってきたからです。科学は、眼の前に見えている日常の現象を、その陰にある見えないものを通して理解しようとする行為です。生れる、育つ、笑う、泣く……。誰もが日常の体験の中でそれなりにわかっています。このような、そのままにしておけば誰にもわかっていることを、細胞、ＤＮＡ、脳神経などという身近でないもので説明しようとするために却ってわかりにくくしているのが科学であるとも言えます。考えてみればおかしな行為です。

ですから、科学は面倒だとか難しいと言われるのでしょう。確かにその通りだと思います。でも、細胞、ＤＮＡ、脳神経を調べることによって見えて来る生きものの姿を日常とつなげて考えると面白いのです。そこで、余計なことと思いながらも、科学から見えてきた生きものとしての人間について伝えたくなるわけです。

もう一つは、現在の社会が、人間が生きものであるというあたりまえのことを基本にして動いてはいないという心配です。とくに、新自由主義の時代になり、競争によって権力とお金を手にする人を勝ち組と呼ぶことになってから、生きものとしてはとても生きにくい社会になりました。誰もがお金よりいのちの方が大事とわかっていながら、現実はお金に動かされるようになってきました。そこで、「人間は生きものであり、自然の一部である」というあたりまえのことを改めて考えてみたいと思うのです。科学技術と経済がもたらす知識や豊かさを否定するのでなく、つまり昔はよかったという見方でなく、新しい道を探ろうと考えています。ここで大事なのは世界観です。世界をどう見るかということだけでなく、それを基に自分がどう生きようとするかということです。経済は苦手なので、専門の科学を切り口に、考えを整理しようと試みているものですから、そこで思うことについても語りたくなるのです。

科学とはどういうものだろうと考えた時、一つ興味深い見方に気づきました。科学が生れ、盛んになる前の社会は、宗教が人々の考え方をきめていました。とくにヨーロッパでは、神様がすべてを決めて下さっているとしていました。神様はすべてを御存知のはずです。ですから、私たちが自分で考えなくても、神様のおっしゃる通り、具体的には教会で教えられた通りに行動していれば問題はありません。世界はすべてわかっているはずなのですから。

けれども、デカルトやガリレイに始まる科学は、世界は数学で書かれているのであってそれを自分で解いていかなければならないと考えました。どのように書かれているかを私たちは知らないのですから、自分で考えなければなりません。「知らないことを自分で考えて知る」。これは人間にとってとても大事なことですし、楽しいことです。子どもはなんでも知りたがる。これが人間の本性なのだと思います。大人になると、こんなこと聞いたら恥ずかしいなどと思って遠慮してしまいますが、本当は知りたいことだらけです。

このようにして始まった科学は、世界を数学で理解しようとしたのですから機械論になります。デカルトが生きものを機械と見る見方を出し、そこからラ＝メトリの「人間機械論」にまでつながりました。機械はすべて知ることができるはずです。自然を解明していく科学の知識をふやすことによって、人間は自然を支配できるはずです。こうして科学を基礎に置く現代社会は「進歩」を信じ、進歩することこそよいことであると考えるようになりました。進歩の具体は、科学を活用した科学技術によってより便利な社会をつくることです。まさに今私たちはそのような考え方が主流の社会にいます。すべてが神様の意志の表われであって決められた中で行動するという世界観に比べて、知らないことを自分で知り、前の世代よりは次の世代の方が進歩をすると信じて生きる方が、明るい未来をイメージできます。すばらしいことです。

けれども、今これって本当かなという疑問が出ているのではないでしょうか。進歩というけれど、世界全体を見ると基本的には先進国と開発途上国という格差がありますし、今やそれだけでなく先進国の中でも格差が出ています。しかも、最先端科学技術は兵器の開発にも利用されますし、エネルギーの多消費による地球規模の環境問題も起きています。どう見てもいのちが大切にされているとは言えず、生きものとしては暮らしにくい社会になっています。なんとかしなければいけないと考える人が、環境問題を解決するための技術開発に努めたり、NGOやNPO法人を立ち上げて食事が充分とれない子どもたちのための食堂をひらくなど、いのちに向けての活動が行なわれています。どれも大切な行動です。

ただ、「人間が生きもの」という視点を充分に生かそうと考えると、実は、現代社会を支えている世界観がそれに合わないのではないかと思えてきます。それを考え直さなければば、いのちを大切にする社会をつくることはできないのではないか。今考えていることはそれです。「自然とその中にある人間とを機械として見て、数式で表わされる法則で理解する。その知識を増やせば新しい科学技術が生れて進歩する。それがよりよい生活を保証する」という考えは本当に正しいのだろうかという問いが私の中で生れています。しかも、この考え方で進んできた科学そのものが、どうもそれは違うのではないかと考えるようになっていると思えます。機械の場合は、設計図があり、それに従って部品を揃え正確に組み立てます。そこで、自然にも設計図があるという考え方が生れますが、それは神様がお創りになったという考えと同じです。生物学で、細胞の中にはDNAがあって体をつくったりはたらかせたりするのはDNAの役割だということがわかった時、DNAを設計図と呼んだのは、科学者は機械論で考える癖がついていたからでしょう。

ところが、DNAは設計図ではないことがわかってきました。もちろんDNAに書き込まれた情報を用いて体を構成する物質をつくり出したり組み立てたりする時には物理学の法則に従います。そこでわけのわからない力が働いたりするわけではありません。ただ、DNAの中には、今のところ何をしているのかわからない部分がたくさんあったり、体をつくる場合にどう考えてもあり合わせを使ったとしか思えなかったりする例がたくさん出てきました。最初からきちんと設計したとは思えないのです。

たとえば、眼のレンズは透明であることが重要です。逆に言えば、透明であればよいということになり、事実、さまざまな生きものの眼のレンズは、さまざまな酵素タンパク質を利用しています。私たちが生きものだからでしょうか。このあり合わせを活用するという方法は、日常よくやっていることでもあります。水を運ぶ時、足を洗う時、切り花の水上げをする時……どれもバケツを使うことができます。一方水を運ぶためにやかんを使ってもよいし、花を入れるのにはボウルを使えます。このような生きもののやり方はとても融通がきいて面白いですしある豊かさを見せてくれます。科学からもそのようなことがわかってきましたので、世界を機械として見るのを止めて生きもののように見たらどうだろうと思い始めました。堅い言葉を使うなら「機械論的世界観」から「生命論的世界観」へということになります。

第1部は、これまで述べてきた「機械」から「生命」へという課題を書いた小論です。ちょっと堅苦しいところがありますが、今大事と思っていることです。「生命科学研究所」を卒業して「生命誌研究館」を創って活動してきた中で、考えたり実践したりしてきたことです。実は時が経つにつれて、研究は日常とつながっている、いのちを大事にする社会への道は決して難しいものではなく、普通に考え、普通に行動すれば自ずと見えてくるものだと思えてきました。今はあまりにも立派になることを求め過ぎていないでしょうか。「普通」と言う時、ここにきまりはありません。たとえば障害があってはいけないとか、まわりの人と少し違う考え方をしてはいけないとかいうことではないのです。なぜなら生きものは多様であることを普通としているのですから。いつも思うのは、生きものが一種類だったらつまらないだろうということです。昨日アサガオのゲノム解析完了という論文が送られてきました。それについていたアサガオの変種の写真を見て、なんといろいろな色や形があるのだろうと改めて感心しました。自然界にある多様性に倦き足らず、さまざまな変種を作り出したのです。アサガオの方も、アサガオでありながらこんな芸もできますといろいろな形を見せてくれる。新しい品種としてはその形が普通というわけです。さまざまな普通を楽しむのが生きものの世界です。

第2部と第3部は、自然を生きもののように見ていくことによって日常と科学とが結びつくようになった気持を表わしたエッセイです。これまでを振り返って強く思うことは、本当によい人と出会い、教えられたということです。子どもの頃は家族です。昨日の夕食時、ごちそうさまと言ってお茶碗を置いたら、娘にごはんの粒が残っていると言って叱られました。私が母に言われ、小さい頃娘に言っていたことを逆に言われてしまったわけで、苦笑いするしかありません。でも、こんな小さなことでも、人から人へと伝わっていくものなのです。学校時代の先生、仕事を始めてからお会いした大勢の方、本で出会った人々……そこから得たものをいくつか書きました。

更には小さな生きものたちも先生です。本当に面白く、あれこれ考えさせられるのが身のまわりの生きものです。先ほど「普通に生きる」ことを大切にしたいと書きましたが、とくに今思うのが、「おんなの子として普通に生きる」ことが面白いのではないかということです。機械論の中で進歩を求める生き方は男の子が得意、今私が探っている生きものとしてあることを大切にして生きていくのは女の子が得意という気がします。もちろん一律に考えてはいけないでしょうし、そんな気がするという程度のことです。でも、歴史や小説の中、現実社会で出会う人を見ても女の子の活躍のしかたが好きです。それについては、最後の「おんなの子という本質を求めて」に書きました。新しい社会をつくっていく大切な力になると思っているのです。もちろん男の子を軽んじるのではありません。競争に明け暮れて疲れ果てるのは好きではないものですから、これに同調して下さる男の子は歓迎です。

これまで書いたものをまとめたものなので、まとまりに欠けるところがありますが、思いを受け止めていただけたら嬉しく思います。

第1部　生命と科学

真の科学を呼び戻すきっかけに

今や何を考える時もこの日を思わずにはいられないのが東日本大震災のあった二〇一一年三月十一日である。とくに原子力発電所の事故という現実に向き合うことは不可欠だ。ここで脱原発の声を上げ、自然・再生エネルギーへの転換や科学リテラシーの重要性を唱えることも必要だが、それでこの課題の解決とはしたくない。もちろんこの動きは、自然・生命・人間を基本に置いた社会をつくるための知のありようを考え続けてきた者としては望むところであり、これが中央集権型社会から分散型自律社会へと移行するきっかけになることを願っている。しかし個人としては、今こそ科学の本質を考えたい、自然・生命・人間について考える知の中で重要な役割を果す科学そのものを見直したいという気持が強い。

巨大地震と津波、それによって起きた原発事故による被害の大きさに衝撃を受けながら思ったのは、「想像力に欠ける社会であった」ということだった。終夜、昼間よりも明るい街は、その明るさを支える電気がどこでどのようにつくられているかなどということは考えず、ましてや、原子力発電所のある地域の人々の生活など頭に浮かべることもなく動いてきた。想像力の欠如である。大災害に出会わなければ、自分の暮らし方のおかしさが見えないとは情けない。予兆はいくつもあったのにと思う。今つきつけられている課題を災害と事故としてだけ捉えるなら、時が経てば風化してしまう。それではいけない。本質を考えたいと思う所以である。

チンパンジー研究を通して人間とは何かを問うてきた松沢哲郎京都大学教授は、人間に特有の能力は「想像する力」であると言い、『日本沈没』を著した小松左京氏は「科学も物語も想像力あってのもの」と語った。広大な宇宙、素粒子、体内ではたらくさまざまな分子などをイメージすることで科学は進んできたのである。見えないものを見ることの大切さを再認識し、科学の今後を考えたい。

機械論的世界観をもつ科学は、すでに終わりを告げているとも言える。二十世紀後半から二十一世紀にかけて生命論的世界観をもつ新しい科学が生れているのである。自然界を固定した機械として見るのでなく、生成（generate）するもの、動的なものと捉える世界観の下、科学は今飛躍しようとしているのだ。ところがここに、二十一世紀を支えようとする科学技術文明がいまだに機械論的世界観の中で動いているという大きな問題がある。

しかも日本では、近年科学技術という言葉をつくり、その中に科学を組み込むという過ちを犯したために、折角生れつつある生命論的世界観にもとづく新しい科学の姿が見えず、科学の成果が古い世界観の科学技術としてしか評価されなくなってしまった。さらに悪いことに、金融資本主義が社会を支配するようになり、科学の世界でも「眼の前の利益の追求」さらには「単なる大きなお金の動き」が高く評価され、科学は瀕死の状態である。実は、このような動きが本当に役立つ科学技術も生れにくくしているのにである。

科学は今変わりつつある。二〇一一年三月十一日の後、これを機械論から生命論へと価値観を変える契機にしたいと強く思ったことを思い出す。お金に振り回されずに本当に豊かな知を育て、それが豊かで幸せな社会づくりに活用されるようにすることが、知に携わっている者の復興への寄与だと思ったのである。既存の科学技術文明と金融経済の中で復興が進んだのでは、自然を生かし、生命を大切にし、人間が人間らしく暮らす社会は生れない。

生命論的世界観を基盤に置く科学は、自然と正面から向き合う。私が携わる生きものの科学の場合、この流れは十九世紀のダーウィンに始まると言えよう。多様な生きものが共通の根から進化してきたと考えたダーウィンは、その中に人間も入っていることに気づいた。自然は生成するものであり、人間がその中に存在するという視点は、機械論（時間を欠き、人間は自然の外にあって自然を操作する存在となる）を脱している。二十世紀に入り、シュレーディンガー、ボーア、ハイゼンベルクなどの物理学者が生命現象に関心を抱いたところから始まった分子生物学は、初期にはＤＮＡの構造やタンパク質合成のメカニズムの解明など分子機械としての生命体の解析に努めた。それは生命体を知る重要な過程ではあったが、その先には時間を組み込んだ生命理解があるのが当然である。今では、ＤＮＡも遺伝子としてではなくゲノムとして読まれ、発生・進化・生態系など生きものの中にある時間と関係を解き明かす研究が進められている。私は三十年ほど前に、機械論から生命論への移行の一歩として「生命誌（Biohistory）」を始めた。しかし、これではまだ真の生命理解には不充分である。

分子生物学のパイオニアの一人であるＦ・ジャコブは、生物の特徴として「予測不可能性、ブリコラージュ、偶有性」をあげている。実際に生きものに向き合っていると、それに加えて複雑、あいまい、矛盾などの言葉も浮かぶ。これらを解く科学が必要だが、それはどんなものになるか、システムとして考えなければならないという方向は示されているが、これぞという切り口は見えていない。しかし明らかにそれを探し、新しい科学を生み出す試みはなされており、若く新しい才能がその道を探し出してくれることへの期待が膨らむ。

これからの科学は、生きものを丸ごと見ようとしており、その先には人間があり、自然がある。科学は特殊な見方をするものではなく日常とつながっていなければならなくなったのである。そして、生命論的世界観には、科学や哲学の歴史の他、日本の自然の中で生れた日本文化から学ぶことがたくさんある。つまり、今求められているのは、日常と思想とを含む知なのである。

科学という日本語に訳したサイエンスは本来「知」を意味する言葉であり、思想も日常も含むものだったのであり、実は今の動きは基本に戻ることになる。もっともこれまでの科学を支えてきたのは主としてヨーロッパの思想と日常であったが、今求められている新しい科学では、日本の自然・文化が重要になると私は考えている。日本の文化には、一度自然を客体化しながらそれを主体と合一化していく知があるからである。

原発事故の後、科学の限界、透明性の不足、コミュニケーションの必要性などが指摘されているが、そこでは科学技術に取り込まれ、金融経済に振り回される機械論の中での科学を科学としている。研究者にとって大事なのは、今変化しつつある知に向き合い、新しい知を生み出す挑戦であり、今の科学のあり方を変えることではないだろうか。これは非常に難しい作業であり、すぐに答の見えるものではないが、これを乗り越えてこそ、豊かな自然観・生命観・人間観が生れ、本当に豊かな社会をつくる科学技術を生み出すことができるはずである。想像力を豊かにして新しい文明を創造すること、これまでも考えてきたことだが、二〇一一年三月十一日を境にそれへの挑戦の気持を新たにした。より正確に言うなら若い人たちに挑戦して欲しいという期待が大きくなった。もちろん、このような科学でも世界を語り尽くすことなどできないだろう。それを限界と呼ぶなら科学に限界があるのはもちろんである。科学にとって重要なのは、語り尽くすことではなく、世界に向き合うことであり、今大切なのは新しい世界観の探索である。

豊かな想像力に支えられた「生きる力」

「人間は生きものであり、自然の一部である」というあたりまえのことを基本に置いた社会を組み立てて人類の未来を明るいものにしたい。科学技術が急速に生活の中に入り込み、グローバル化という言葉を日々耳にし、金融資本主義に振り回されてきた二十世紀後半から二十一世紀にかけての時を、生きものの研究で過してきた者として思うことである。

「人間は生きものであり、自然の一部である」ということは、現生人類が地球上に誕生した二十万年ほど前からの事実である。だからこそ、そこから離れた生き方を求め続けてきたのが人類の歴史であったと言ってもよい。とくに近年は、科学技術の急速な進歩によって空調をした高層ビルが並び、終夜灯火で明るい街での暮らしが日常になった。生きものとしての感覚がはたらかない社会ができ上がっており、進歩・成長を求める社会である。しかしこの延長上に明るい未来を描けるようには思えなくなってきているところに問題がある。そこで、二十一世紀のこの時点で「人間は生きものであり自然の一部である」という事実の意味を問い、それを基本に置く社会を組み立てるために、現代の知を総動員したい。

ここでまず気になるのは、「グローバル」という言葉である。これは、二十世紀末以来、米国主導型金融市場経済によるお金と軍事で動く権力とが世界を席巻する社会をさす言葉として使われている。そして日本の場合、子どもに英語やコンピュータを修得させることがグローバルへの対応とされている。「グローバル」という言葉の本来持つ意味を考えることなく、薄っぺらにグローバル、グローバルと唱えているうちに、「本質を考える」という本来言葉によって行なうはずのことを忘れているのが今の社会である。「グローブ」とは「地球」であり、現代を表現するのにこれほど適した言葉はないと言ってよいのにである。

二十世紀後半から二十一世紀へかけて起きた大きな知の変化は、「地球の意識」であった。一九六〇年代、米国のアポロ計画を中心に、宇宙へ飛び出すというフロンティアが示された。近代の歴史は、領土の拡大と科学技術によるフロンティアを求める拡大・成長に象徴される。それが宇宙にまで向けられた新しい時代が到来したのである。そして、月着陸の成功は、世界中の人に夢を与えたが、一方そこで明らかになったのは地球のあり様だった。宇宙の中にぽっかり浮かぶ一つの星、しかもそれは生きものが存在するがゆえに美しい星としての「地球」が、具体的な形で人々に認識されたのである。その時言われた「宇宙船地球号」という言葉を古臭いものとして忘れてはいけない。今、私たちの生き方を決める前提は「地球上に暮らす人々は皆一つの船に乗った仲間である」という認識である。これが「グローバル」の意味なのである。

実は、地球についてのこの認識が生れたのと時を同じくして、生物学が人間は地球上に暮らす数千万種とも言われる多様な生きものの一つであり、すべての生きものは三十八億年前に存在した共通の祖先から生れたものであることを明らかにした。しかもその中のヒトという種は一種、つまり七十三億人の人はすべてアフリカから出て世界中へと広がった数少ない人々の子孫であることも明らかになった。地球の特徴はそこに生きものが存在することであり、生きものたちは祖先を一つにする仲間であること、人間はその生きものの一つであるという事実は地球の上での私たちの生き方を考えるうえで大事なことなのである。しかも現生人類が生きものとしては一種であるという事実は、「宇宙船上の仲間」という意識を具体的に裏付けるものであり、ここからも同じ「グローバル」の意味が見えてくる。

つまり、「有限の空間（資源）の中で祖先を共有する生きものの仲間と共に生きる」という認識を持つことでしか未来は考えられなくなったのである。「グローバル」という言葉をおまじないのように口にしながら、成長を求めての競争をし、そのために重要なのは金力と軍事力だとする生き方はこれとはまったく異なるものである。地球という新しい意識で、価値体系、科学技術、社会システムのすべてを組み立てること。今未来を考えると言った時の具体的内容である。

ここでは、「生きる」ことがすべての基本となる。医師で哲学者の川喜田愛郎は、「生きる」を四段階に分けた。「ひたすら生きる」「巧みに生きる」「わきまえて生きる」「よく生きる」である。これは三十八億年前に誕生した祖先細胞以来の進化の過程で徐々に獲得してきたものであり、最後に登場した人間にはこのすべての生き方がある。

「ひたすら生きる」の基本は食である。生きものはそもそも、子孫をふやし続けていこうとするものだが、食が生存数を制限し、バランスを保っている。人間の場合、農業を開発し、食の生産によって制限を超えた人口を増やしてきた。これこそが人間の特徴である。しかし、「グローバル」を意識せざるを得なくなった今、七十三億人、更には九十億人にもなろうとする人々が飢えることのない社会を考えるのは大変難しい。今や「地球」を視野に入れなければならないのであるから、単純に増産をするという答ではなく、むしろ分配の公平性、教育の普及による人口増加の抑制などに答を求めることになろう。実はこれは「わきまえて生きる」「よく生きる」という項目にあたり、人間だからこそ可能な生き方である。つまり、「生きる」について、とにかく生き抜くという「ひたすら生きる」から「よく生きる」まで、総合的な体系をつくることこそ、今求められていることなのである。

「巧みに生きる」は、身のまわりの生きものたちを見ていれば誰もが感じることである。たとえば私たちは、アゲハチョウの母親が柑橘類の葉にだけ卵を産む仕組みを追った。幼虫がそれしか食べない葉を産卵場所として選ぶのは、子孫を続けていくには不可欠なことである。そこで、メスチョウの前脚に、その仕組みが巧みに組み込まれていることがわかった。あらゆる生きもののそれぞれが、自分が生き、子孫を残す巧みな仕組みを持っており、それは知れば知るほど感心することばかりである。もちろん人間もこの能力を持っているのであり、それを生かすことが重要である。

実は、自然離れすることを進歩としてきた現代文明では、たとえば食品の安全性を自分の感覚（色、味、臭い、手触りなど）で判断することをせず、記載された情報（原材料の記述、消費期限など）だけに頼る。そこで、期限を過ぎたものはすぐに廃棄し、大量の食品廃棄物を出しているのである。もちろん、情報の活用は重要だが、食べるという生きる基本には、原則生きものとしての感覚の方が大事である。それには日常をより自然に近くするほかない。自然離れを求めた現代文明とは異なる方向の探索である。これにはとくに子ども時代の体験が不可欠となる。日本の場合、一極集中から地域を生かす社会への転換が不可欠の状況にあるが、これを進めることは同時に自然に近い生き方の選択にもなる。高層ビルでの子育てを止め、日本列島の各地で子どもたちの元気な声が聞こえる社会へと移行することで、明るい未来へとつながる道がつくれるだろう。未来は子どもたちが創り出すものであり、その子どもたちが生きものとしての能力を充分に生かすことが、「グローバル」を本当のグローバルにする道だからである。

次に考えることは、「わきまえて生きる」と「よく生きる」である。数千万種とも言われる生きものたちは、「ひたすら生きる」、「巧みに生きる」については私たち人間が学ぶべき能力を備えている。しかし、「わきまえて」、「よく」となると、これは人間が人間として生きるところで考えなければならない課題である。

生きものの世界では、皆が生きよう、更には子孫へと続いていこうとしている。しかし、自然の摂理の中、あるところでバランスが生れ、一つの生態系として存在することになる。ところで人間は、ヒトという生きものでありながら、言葉と技術を持つことで、他の生きものにはない文化・文明を生み出したという特徴をもつ。これこそ人間の人間らしさであり、いかに豊かな文化・文明を持つかが人間として生きることであると言ってもよい。

科学技術と金融経済を基盤とする現代文明ももちろん、その中で生れたものである。ただ、それが地球という器に対して、あまりの過剰を求める文明になっているために、さまざまな課題が生じている。そこで、単に進歩・成長を求めるのでなく、真のグローバルを考える文明への転換が未来へつながる道であろうと思うのである。

そこで生かすべき考え方が、「わきまえてとよくを取り入れた生きる」であろう。「わきまえて」とは、全体を見て自分の「分」を理解することである。地球上での物質循環や生態系をよく知り（ここで科学が活躍）、そのダイナミズムの中に人類の活動をはめこむ方法を考えるなら、「分」を越えることはない。具体的には自然のシステムを生かす文明の構築をすること、これこそ生きもの研究をしてきた者にとってやり甲斐のある挑戦である。「分」を理解するということは、自分が存在する世界全体を概観するだけでなく、そこで暮らす人々（更には生きものたち）の暮らしをイメージすることである。また過去に学び、未来の人々の暮らしを考えることも不可欠な作業である。ここで活躍するのが「想像力」。これこそ他の生きものにはない、人間を魅力的存在にしている能力であり、今最も活発にはたらかせなければならないのがこれである。見えないものまでも見て自分を位置づけること。これができると安心感と安定感が得られ、自信が生れる。勝手にやりたい放題をしている時には、全体が見えないので不安になるのだ。眼の前の競争に明け暮れる社会が不安だらけで誇りが感じられないのは、「想像力」の欠如のためである。

最後に「よく生きる」が来る。これは難しい。そもそも「よく」とは何かが一つに絞れない。要は、前述した人間の特徴である「想像力」を生かすことだが、そこから生れる生き方の中で、現在最も必要と思われる言葉をあげるなら「寛容」ではなかろうか。生物界で多様なものが底に共通性を持ちながらそれぞれの生き方をしている状況には、どこにも優劣、善悪などの判断はない。もちろんそれは何でもありではなく、三十八億年という長い歴史の中で培ってきた約束事の中でのことである。全体の中での自分という位置づけあっての独自の生き方なのである。「寛容」の底にあるものは、まさに「想像力」であり、見えないものまで見て、自分以外の立場を理解し行動することが基本となる。権力を求めての争いなどばかばかしい。第一、今そんなことをしている余裕はない。地球上のあらゆる場所で、あらゆる人が、よく生きることのできる社会を想い描き、一人一人の「生きる力」（権力でなく）を思う存分生かし、それぞれの社会を創っていくことが今求められている。

想像力豊かな、生きる力に充ちた人々が寛容の精神でつくる社会。「人間が生きものであり、自然の一部である」ということから出発しさえすれば、少しも難しいものではないし、そこにしか未来はないと考えている。

生命革命の提案

生命誌という切り口で自然と持続可能性（sustainability）について考えてみたい。ここで明確にしておかなければならないのは持続可能という言葉の意味である。

この言葉は、一九八七年に国連環境開発世界委員会（いわゆるブルントラント委員会）が提唱した持続可能な開発（sustainable development）を受けて用いられてきた。環境や資源を保全し、現在と将来の世代の必要を共に満たすような開発をしなければならないという考え方である。それまで、環境や資源の問題に注目し、有限の地球の上で生きていく方法を示唆する言葉としては、「成長の限界」「宇宙船地球号」など開発を抑える意味合いのものが用いられており、技術開発、経済成長をよしとする多くの人には受け入れられにくかった。環境・資源の問題があることは認めるが、進歩のための開発は止めてはいけない……それを両立させるために考え出されたのが「持続可能な開発」であった。ところで、この言葉が生れて四半世紀、この考え方に基づく社会が現実のものになっていないだけでなく、その具体的な姿を明確にすることさえできていないのが実状である。

確かに環境問題への関心は高まった。企業活動の中でも、まずは社会に対する責任としての環境意識を高めることに始まり、近年では環境問題の解決を企業活動にする動きも出てきた。しかし、社会の価値観は相変わらず成長にあり、その中に環境問題を組み込む方法を工夫するという考え方しかできていない。事実、成熟期に入り、高度な経済成長が望めない状況にある我が国のリーダーたちは、それに合う新しい国のあり方を模索するのでなく、中国、インドなど十億を超える人口を抱える国の経済成長に活路を求めている感がある。それに伴なう環境への負荷は一応脇に置いておき、少々落ち着いたら環境事業を売り込もうということなのだろうか。衣食住という生活の基本の保障はもちろん、生活の質の向上はすべての人の求めるところである。自動車や電化製品による便利さを享受してきた者が、今それを求めている人々の欲望を押さえつけることはできない。しかし、一度野放図な浪費を体験しなければ本当の豊かさとは何かを知ることができないというのでは、これまでの私たちの体験は何だったのだろうと思わざるを得ない。エネルギーや資源の有限性を前提にした便利さの求め方を探索し提言していくのが前を走った者の役割だろう。GDPの伸びで国の力を判断する時代は終わっているはずである。二十世紀を動かしてきた進歩と成長神話をそのまま二十一世紀に持ち込まず、価値観を変える努力をするのでなければ人類の未来を見通すことは難しい。

このような問題意識で、私の専門である「生命誌」という切り口を用いて考えていくと、国連環境開発世界委員会での議論から生れた持続可能性という言葉には、そこまでの転換の意識は含まれていないという問題点が浮かび上がる。自然の見方、自然の中での人間の位置づけから考えなおし、自然との向き合い方を基本から考えてみようというのが、「生命誌」からの提案である。それは、「生命を基本に置く社会」つまり、持続可能という言葉のもつ本来の意味を生かした社会をつくるための模索である

十九世紀から二十世紀にかけての生物学による最も基本的な成果は、すべての生物が基本物質をDNAとする細胞でできており、人間(生きものとしてはヒト)もその一つであることを明らかにしたことである。細胞を構成する元素は宇宙に存在する通常のものであり、その組み合わせでできた物質の化学反応で生命現象は説明できる。しかも、二十世紀末からは、細胞のもつDNAのすべて、つまりゲノムの解析が進み、DNAに蓄積された情報の解読が可能になった。そこで、個体が生れてくる発生、多様な種が生れる進化、進化と発生によってでき上がる生態系を分子の反応として調べる研究が急速に進み、生きものの構造と機能について、興味深い事実が明らかにされた。そこで生命科学は、それらの

知識をもとにした技術開発を進めることで新しい時代をつくろうと考えた。バイオメディシン（生物医学）、バイオテクノロジー（生物技術）という言葉で進められる技術は、対象が生きものであるがゆえに、これまでの物理・化学に基づく技術とは異なり、持続可能性につながるのではないかという期待から、一九八〇年代には〝バイオ〟という言葉が夢を呼んだ。しかし、すでにこのような技術開発が始まって三十年がたつが、ここからそのような未来を見通す道は見えてきていない。私たちが生きものであり、自然の一部であるという事実を示す研究を進めてきた生命科学が生命を基本に置く社会への転換を引き出せないのはなぜなのだろう。生命科学研究の中にいる者としてそれを真剣に考えた結果、「生命誌」という考え方に到った。生命科学の成果を認めながらも、生命とはなにか、人間とはなにかという基本を考えるところに立ち還らなければ未来にはつながらないと思ったのである。

生命科学が、人間を多様な生きものの一つとして見るという視点を出しながら、それを生命を基本に置く社会づくりにつなげることができない理由を考えていくと、科学とそこから生み出された科学技術文明とが、自然や生きものを機械として見ているという世界観にぶつかる。私たちは日常生きものという言葉から、赤ちゃんの柔らかい肌や暖かいネコの毛などを思い浮かべるが、科学技術文明の中での生きものはそれとは異なる。

機械論的世界観（17世紀）	
ガリレイ	自然は数学で書かれた書物
ベーコン	自然の操作的支配
デカルト	機械論的非人間化
ニュートン	粒子論的機械論
（伊藤俊太郎『近代科学の源流』による）	

表１　機械論的世界観誕生の歴史

近代科学を生み出したヨーロッパ文明では、私たちが読まなければならない書物が二つあるとされてきた。一つが聖書であり、もう一つが自然である。星を眺め、動物や植物に接しながら自然を読み解いていく中で、十七世紀に大きな展開があった。それは、ガリレイによる「自然はすべて数学という言語で書かれている」という認識から始まる。その後の歴史の詳細は省くが、伊東俊太郎『近代科学の源流』に示された簡潔で適確なまとめを活用させていただき大きな流れを示す（表１）。

ここに示されたガリレイ、ベーコン、デカルト、ニュートンの考え方は、自然は生きものも含めて機械であり、操作可能なものと見なす。生きものの中には人間も含まれるが、ここで人間にだけ存在する精神（心）は別とした。いわゆる心身二元の考え方である。この機械論的世界観こそが自然を分析する科学を進展させ、科学技術文明を生み出したのであり、現代人の日常生活はそれによって支えられ

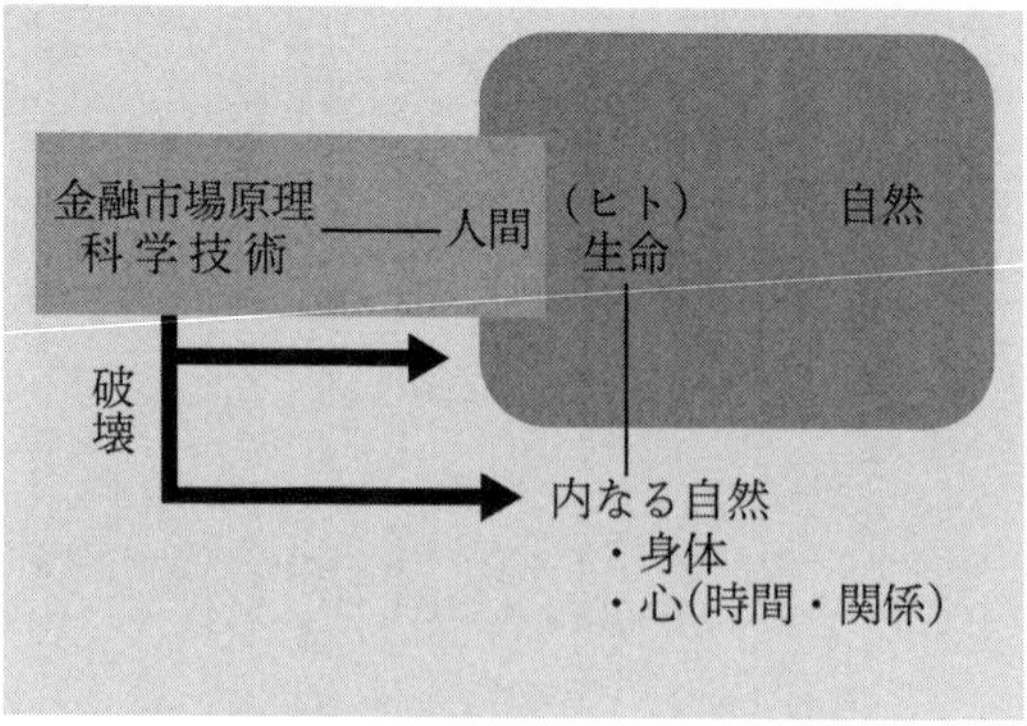

図１　外の自然と内なる自然の破壊

ているといってよい。産業革命以降の社会の変化を表わす指標の一つである人口が、一八〇〇年の十億人から二〇一五年の七十三億人へと急増する中、利便性は急速に増加し、地球全体がつながった。これは人類の歴史の中で大きく評価されるものである。

しかし、このめざましい進歩には、大きな問題があることが近年明らかになってきた。これもまた詳細は省き、問題点だけをまとめておく（図１）。

科学技術で利便性を追い、金融市場経済という実態を超えた金銭の動きで力を量る社会を作ったために、いつか人間が主体性を失い、便利さやお金に振り回されることになってきたのである。その結果、森林や海など、生きものである人間を支える自然を破壊した。歴史上、何度も体験してきた文明の崩壊の原因の多くは自然の破壊の結果とされる。このままでは地球規模での文明の破壊につながりかねないという気づきが持続可能性という言葉を生み出したのである。図1は、いわゆる環境破壊とされる自然の破壊だけでなく、自然の一部である私たち人間の「内なる自然」の破壊をも示している。内なる自然とは、私たちの体と心をさす。とくに心は、生きものとして必要な「時間」と「関係」を切ることで壊されていることに注目する必要がある。利便性追求のあまり、人間にとって最も重要な「時間」と「関係」が失われていることに気づかなければならない。自然の破壊を環境問題としてだけ受け止めると、新技術を開発すればそれは解決するということになり、機械論的世界観の見直しにはつながらない。心の問題は道徳や心理カウンセリングに任せることになるからである。そうではなく、両者共に自然の破壊であり、それは生命の本質を見ない行為の結果であると受け止めるなら、生命の本質に眼を向けることでしか解決は得られないという答が出てくる。それはすなわち、機械論的世界観の見直しである。

ガリレイ、ニュートンらに導かれて進められた物理学が、二十世紀に入って大きく転換したことはよく知られている。量子論、不確定原理、相対性理論と二十世紀初めに次々新しい物理学が登場したのである。これもまた詳述は避けるが、ここから見えてくる自然は、固定化した機械ではなく生成する姿を見せている。物理学の言葉でいうなら自己組織化ということになるだろうが、私はこれを「機械論的」に対して「生命論的」であると考えたい。自己組織化、生成の典型例が生命であり、生活や技術と結びつけて問題を考えるにあたっては具体的に生きものについて考え、生きものから学ぶのがわかりやすいと思うからである。それに何より私たち自身が生命体であるところから、人間の生き方を考えるためには生命で考えていくのがよいと思うのである。

生成という眼で自然を見る物理学の中で、宇宙は今から一三八億年前に無から誕生したことが明らかになった。アインシュタインは「定常宇宙」を信じ、それに合う式を考えていたことが知られているが、今では「定常宇宙論」は消え、宇宙は生成するもの、そして今も膨張を続けているものとして捉えられている。

理論とさまざまな観測とからそれが明らかになった中で興味深いのは、インフレーション、ビッグバンという形で急速に膨張した後、三十万年ほど経過した時の「宇宙の晴れわたり」と呼ばれる観測像である。ここには明らかにゆらぎが見られ、ここからさまざまな星が生れ、銀河系などが生れた。ゆらぎあっての銀河の形成であり、その中で四十六億年前に生れた地球に生命が誕生したのである。このように、機械論の中で生れた科学が、今では機械論的世界観の破綻を示しており、「生命論的世界観」の必要性を示している。その中で、三十八億年前誕生した生きものの歴史を辿り、その中で生れた人間の自然との向き合い方を見ていくのが「生命誌」である。そこからは、機械論的世界観をそのままにし、その中で科学技術や金融経済を進めながら「持続可能性」を求めるのを止め、新しい世界観の中での生き方を考えようという提案が生まれる。

生成する宇宙の中で生まれた地球上で暮らす生きものの一つとしての人間を再確認するところから始めよう（図2）。

先にも述べたように生物学では、現存の数千万種とも言われる多様な生きものは、三十八億年ほど前に海中で誕生した細胞を祖先とする仲間と考えている。この細胞がどのようなものであり、いつ、どこで生まれたかについては今後の解明を待つとして、現時点ではっきりしている、現存生物はすべてＤＮＡを基本物質として用いており、その用い方は普遍的であるという性質の起源はここにあるはずだ。そこで、生物学の知識を用いて生きものの歴史と関係を読み解くことによって、生きものであるという言葉の内容をできるだけ明らかにし、その中での人間の位置づけを考えることが重要である。この図で大事なのは、人間が扇の中に存在することである。機械論的世界観での人間は、この扇の外側にいる。環境問題が生じたために、自然への関心が高まってはきたが、社会を支えている世界観、価値観が人間を外に置くものになっているのだから、どうしても人間と自然とを対置することになる。その典型が一時流行した「地球にやさしく」という言葉だろう。私たちが扇の中に存在する多様な生きものの一つであると実感していればそんなおこがましいこ

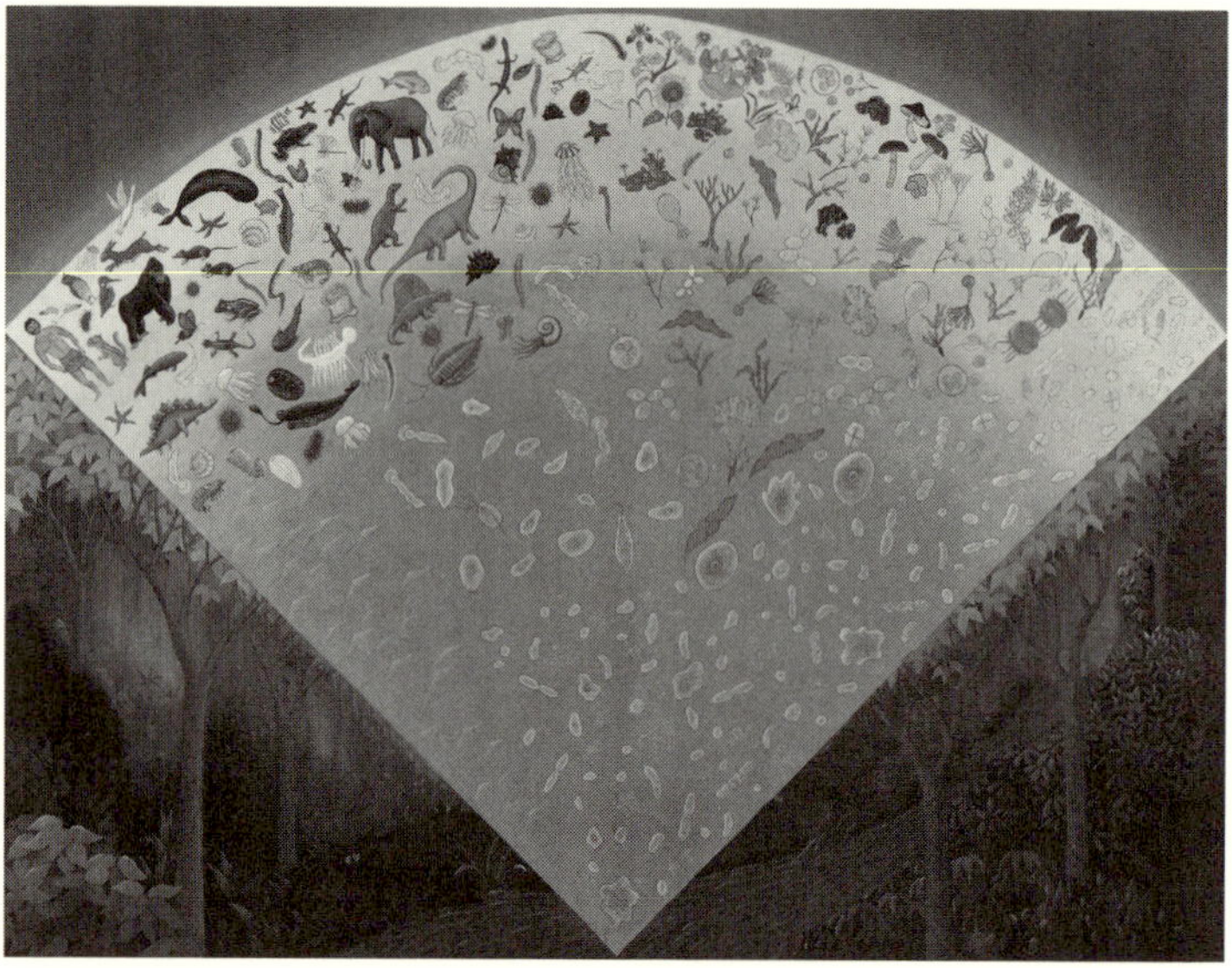

図２　生命誌絵巻
（協力：団まりな／絵：橋本律子）

とは口に出せないはずだ。地球やその上に暮らす仲間たちに、私たちにやさしくして下さいとお願いするのが筋となる。この図に描かれた人間の位置を忘れてはならない。

このように考えてくると、持続可能性という言葉の中にこめられている、人間による自然の操作を前提とした考え方の問題点が見えてくる。実は、生きものは続くものなのであり、持続可能性は生きものが本来持っている性質である。持続しないものは生きものではない。三十八億年という長い時間で見ると、地球は大きな噴火をし洪水を起こすなど大きく変化してきた。最近になって、かつて全球凍結したことさえあることまでわかってきた。そのような中で続いてきたしたたかさをもつのが生きものなのであり、その能力を生かそうというのが持続にこめる意味となる。

続いていくものであるという基本を共有しながら、多様な生きものがそれぞれの特徴を生かして暮らしているのが地球である。地球上に最も遅く登場（約二十万年ほど前とされる）した私たち現代人も、生きものとしての基本と人間独自の特徴とを生かして生きていく必要がある。ただ問題なのは、人間のもつ特徴が、特殊と呼ぶ方がふさわしいかもしれないほど他の仲間と違っていることである。二足歩行をし、大きな脳、とくに新皮質をもち、その結果文化・文明を手にしたというところに眼を向けなければならない。農耕文明に始まり、現代の科学技術、市場経済を基本とする文明までを生み出したのは人間の特質なのだからこれを否定することはできない。しかし、このままこの文明を続けていったのでは人間の持続が危ぶまれる。人類としてのこれまでの歴史を生かし、科学技術文明も取り込みながら、それを持続を基盤にする生きものとしての生き方へと変換していくにはどうしたらよいか。この問いへの答を探さなければならない。

価値観を変えようという提案に対しては、それは難しいという反応が多いだろう。価値観は一人一人のものであり、現在持っている価値観を間違っているとすることはできない。ただ、はっきり言えるのは、生命論的世界観の下では自然がよく見え、今何をしたらよいかがわかるということである。近年先行き不透明と言われることが多いが、生命を基本に置くときめれば決して不透明ではない。しかも、それを行なうことは決して苦痛ではない、いや楽しく生き甲斐がある。生命論的世界観などと書くと大層に聞こえるが、具体的には「自分が生きものであるという実感を持ちながら生きる」ことであり、難しいことではない。事実、地方で暮らしている人の多くはそのような生き方をしている。一方、都会の高層ビルで昼夜の別のない人工光の下で金融取り引きに明け暮れている生活から生きものとしての感覚を引き出すことは難しかろう。

生きものであるという実感をもった時に見えてくる暮らしを、とくに日本を意識しながら見ていこう。大切なのは、楽しく食べること、健康に暮らすこと、美しい自然の中で四季を楽しみながら住まうこと、さまざまなつながりを感じること、知識を得たり考えたりしながら心を豊かにすることなどである。産業で見るなら、まず農林水産業、食品産業、医療などがあげられる。健康によく暮らしやすい住居として、国産の樹を生かした木造建築を造るのもよい。豊かな自然環境と地域のつながりがあり、教育や文化活動がしっかりしていることも重要だ。実は人間の歴史を見ると、農業革命、都市革命、精神革命、科学革命、そして産業革命と価値観を変えてきており、その中で現在はたまたま利便性とお金に価値を置く社会になっているのである。したがって現在の価値観を絶対とせず、ここでもう一度、価値を変え、農業、精神、都市などのもつ意味を見直し、現存の科学技術を生き生きした生活を支えるために活用する決心をすることはできるはずだ。

持続可能性について考えようということは今何かが変わらなければならないという意識の表われであるのに、多くの人が価値観は変えずに小手先でなんとかしようとしているのはなぜなのだろう。これまでも革命と名づけられた変化をしてきた歴史をもつ人類であり、変革を避けてはいけない。そのような考えから、「環境革命」とか「人間革命」という提案がなされている。それも理解できるが、私はこれまで述べてきた理由で今必要なのは「生命革命」だと思っている。価値観の変換は、決してこれまで積み上げてきたものを否定するものではない。科学技術も大いに活用したい。しかし、首都圏への一極集中が進み、高層ビルの建設をよしとする日本の現状では意識は変わらない。今重要なのは意識の変化であり、それには北から南まで広く暮らし、海も山も生かした暮らしを設計していくことである。自然を操作するのでなく自然を生かす暮らし方を組み立てることである。日本文明とでも呼ぶべき暮らし方は縄文時代以来これを行なってきた。最新の科学技術を操作でなく自然を生かすという意識で活用し、まずは、農業からそれを試みるのが今行なうべきことである。TPP論争も、このような形で答を探さなければ、未来はないと思う。日本中をていねいに見れば、このような意識での活動はたくさん芽生えている。また、農業を通しての子どもたちの教育も実績をあげている（私もその中のいくつかを応援している）。こうして育った子どもは高層ビルでの暮らしでは決して得られない生きものとして生きる感覚を身につけ、「生きる力」を発揮している。この子たちに未来を託したい。

一極集中、高層ビルの時代からの脱却を決心し、新しい農業を育てるところから生命革命を始めることを提案する。

生成の中に生命の基本を探る

生命とはなにかと問い、それを問う知のありようを考えているところへ、ネオ・サイバネティクスを考えている方から、共通点を探ろうという問いかけがあった。サイバネティクスは、これまで自然科学が対象にしてきた物質やエネルギーではなく「情報」に注目する学問である。私たち生きものが対象をどう観察するか、どう認知するかを問うのである。

その中で、認知のしくみを考える時に、ある時間一点における認知ではなく、私たちが生れてからこれまでの認知の歴史全体に眼を向けることが必要であるという考え方が生れてきた。「サイバネティクスは、環境と生命体との循環的な因果関係を重視する」とあるが、ネオ・サイバネティクスになると歴史全体に循環的な因果関係を見ていくことになるわけだ。

このような循環的因果関係の事例として、ネオ・サイバネティクス研究を精力的に進めている情報学者の西垣通は、エアコンのサーモスタットのフィードバック機構、設置温度と室温との関係をあげている。生きものの場合、設置温度をどう決めるか、というより設置温度がどう決まるかが重要なわけで、ネオ・サイバネティクスの研究者はそこを考えていることになる。分子生物学から生命誌へと分野を変えながら、一点ではなく歴史全体へと同じことを考えてきた（同じことを考えたいために分野を変えてきた）経緯を知っていただくことには意味があると思い、今思うことを記すことにしたい。

ノーバート・ウィーナーがサイバネティクスなる学問を提唱した時、機械と生命体をつなぐ新しい概念を面白いとは思ったが、それ以上の関心はもたなかった。ところが、そこで示された、機械（システム）を制御（フィードバック）という切り口で見るという視点が、ある時突然自分の研究とつながったのである。

一九六一年（今思うと、ウィーナーの『サイバネティクス』第二版刊行の年である）、フランスのパスツール研究所のフランソワ・ジャコブ、ジャック・モノーらが「タンパク質合成の遺伝的制御機構、オペロン説」を提唱した。彼らは、大腸菌に通常与えるグルコースという糖の代わりにラクトースを与えて培養すると、それの分解酵素（β-ガラクトシダーゼ）が合成されるようになることを発見した。そして、この酵素の遺伝子の隣にオペレーターと呼ばれる調節遺伝子があり、通常はそこにリプレッサーが結合していて、酵素をつくらないようにしていること、ラクトースがリプレッサーに結合するとリプレッサーはオペレーターから離れ、その結果酵素遺伝子がはたらき出すことを解き明かしたのである。

なんとみごとな機構だろう。仲間と論文を読み、興奮して語り合ったことを鮮明に記憶している。生きものがもっている、必要な時に必要なものをつくり、不要な時には抑えておくというフィードバックの実態が分子のはたらきとして具体的に見えてくることによって、分子機械としての生命体の姿が明確となり、生物研究がサイエンスとして一段階進んだと実感した。以来半世紀、調節（フィードバックと同じくらいまたはそれ以上に重要なのがフィードフォワードの回路であるところに生命体の特徴がある）を重要なテーマとし、これを詳細に解くことで生命現象を理解しようとしてきたのが分子生物学の歴史と言ってもよい。

われわれが、自分自身をも含めて日常接する生きものに生きものらしさを感じるのは、それぞれの環世界との関係のしかたであり、そこには環世界を認知し、それに対して自らを変化させる姿が見られる。そこで研究者たちがその背景にある分子機械としての生きものの動きを知ることこそ生命とは何かを知ることにつながると考えたのは当然である。

分子機械という考え方を支えたもう一つの柱が「設計図としてのＤＮＡ」という考えの

存在であった。モノー、ジャコブらの研究と同じ頃、フランシス・クリックとシドニー・ブレンナーを中心に遺伝子としてのＤＮＡのはたらきが精力的に解かれ、セントラル・ドグマという考えが出された。ＤＮＡ→ＲＮＡ→タンパク質と情報は流れ、それに基づいて生命体はつくられ、はたらくというわけである。ここで「ＤＮＡは設計図である」というフレーズが生れた。

そこで研究者たちは、ＤＮＡという設計図の下にはたらく分子機械の調節機能を解こうとした。その典型例が、がん研究である。がんの予防や治療のために原因を探った研究が探し出したのががん遺伝子であり、次々と発見される遺伝子はすべて細胞周期（細胞が適切な時に適切なだけ増殖することを支えるシステム）に関わる遺伝子が変異したものだった。がんは、生きるという現象そのものを見せる疾病だったのである。そこで、がんを知るには生命の設計図の全貌を明らかにする必要があるという考え方が生れ、ヒトゲノム解析が始まった。三十億塩基から成るＤＮＡの解析は提案当時非現実的と言われたが、考え抜いたうえでのプロジェクトは成功し、二〇〇三年（ＤＮＡの二重らせん構造発見後五十年）に一応の解析が終わった。ＤＮＡの塩基配列という一つのデータと言えばそれまでだが、すべてを知るということは、生物学者にとって初めての体験であり、新しい知のスタートとなった。

ゲノム解析を出発点として、生命体をどう解くか。日本では、ＲＮＡやタンパク質の全解析をめざし、機械の部品を並べることが解決だという方向の大型プロジェクトが目立つが、これは、生きものの本質を理解していない無駄の多い研究である。そこで、地道な研究の現状を見ると、まず、ゲノム解析のきっかけを作ったがん研究は、さまざまな表現型とその背後にある遺伝子のはたらきを徹底的に調べることで全体像に近づこうとしている。これは、従来の研究から連続した主流である。ところで、米国のがん研究のリーダーは、これで答が出るのは一〇〇年後かもしれないと言っており、それが本音だと思うが、具体的生命現象の理解の積み重ねは必要であり、実用的意味も大きい。もう一つは、これまで比較的単純な系で基礎的機構を解明してきたのに対し、システム生物学として、全体を知る方向への転換をした模索である。細胞分裂、シグナル伝達などこれまで具体的に解いてきた反応系のモデル化、理論化によってシステムとして捉える試みが行なわれている。同じ方向を情報という切り口で見ているバイオインフォマティクスは、ゲノム比較から進化の過程を追うなど具体的な作業と理論とから生命現象の特徴を知る努力をしている。これらは、情報やシステムという生物の理解にとって不可欠な概念を導入しているところが重要である。

これが現在の研究の流れだが、ここには問題点が少なくとも二つある。一つは、ＤＮＡ

（ゲノム）を設計図と見ていることである。研究が進むにつれて、ＤＮＡが生物という存在を決定しているという意味で用いられるこの言葉は正しくないことがわかってきた。たとえば、ＤＮＡがつくるタンパク質のはたらきがもつゆらぎが生命現象の本質であることは明らかである。そこでゲノムを、料理のレシピや演劇の台本に喩えて考えてみたことがある。素材や登場人物はきまっているが、それがいかにはたらくかはその時の状況によって変わるからである。重要なのは過程であり、一つ一つの作品は異なるプロセスを経て個別性をもつものとしてできあがる。これで決定論からは逃れ、生きものらしさにやや近づいたが、ＤＮＡからの指示を中心に考える点では変わりがない。近年急速に進展した細胞の生物学によると、非平衡状態を維持し、ダイナミズムを示す生命体（細胞）には「生きる」ということを支えるさまざまな戦略があることが次々と明らかになってきている。ＤＮＡ（ゲノム）は生きる戦略のために利用されるものであると考えた方がよい。ゲノムが生命の歴史の「記録」であることに間違いはない。この記録は、進化の結果として書き込まれたものであり、これを解読すれば進化の過程を知ることができる。

更なる問題点は複雑と柔軟さである。調節がいかに行なわれているかを知ることによって機械としての生命体を解明する作業は、がん研究で見られるようにその複雑さの前でたじろいでいる。ＤＮＡを設計図とする硬い機械として生命体を見ることを止めてその生成の過程を見て、複雑さにそのまま向き合い、そこにある特徴を探るという方向に転換しなければ、生命とはなにかは見えて来ないことがわかってきた。

細胞内での制御の具体例を初めて出したモノーは、その時すでに「生物はその構造も機能も機械とよく似ている。しかし、つくられ方は機械とは根本的に違っている」と述べ、その自発的、かつ自律的発生の重要性を指摘している。生命を生れ出るものとして捉えるのは日常的な見方であり、でき上がった機械として部品を調べあげるのではなく生成する過程を追う方が自然とも言える。

実は、生命体を分子機械として見てきたのは、科学が機械論的世界観を持っていたからである。科学史家伊東俊太郎は、これをガリレイ、ベーコン、ニュートン、デカルトが作りあげてきた世界を神が創り出した機械と捉える見方であり、今や科学自体がそこからは変化していると述べている。

相対性理論、量子論の時代に入った時、すでに神の眼は捨てられ、観測者が登場しており、そこでは観測者の捉えた世界が記述されている。一元的見方から多元的見方へ、外からの眼から内からの眼への移行である。これまでの半世紀、サイバネティクスと共に、生命科学研究は調節系という視点で生命体を解いてきた。まずは単純な系を取り出し、次いで〝複雑な機械を複雑な調節系として解く〟という難問に向き合っているのだが、機械に引きずられてきたところを考え直し、生命体という特有な系のありようを見ていかなければならないところに来ている。

生命体を生れ出るものとして見ることを求めたモノーは、また「生物圏には、予見できる類別された物体ないし現象はなく、ただある個別のできごと――それは第一原理とは両立しても、それから演繹されることはなく、したがって予見不能である――から成り立っている」とも言っている。これはもちろん、生物は物理・化学の原理で説明できないとか、それを超越するとか言っているのではない。予見不能というところが本質で、実は共に研究を進めたジャコブも生命体の大きな特徴として予測不能性をあげている。歴史としての時間への眼が求められているのであり、生命誌はその視点を持っている。

改めてゲノムに注目すると、ここでのゲノムは指令塔ではなく、すべての生物が共通して持っている記録（アーカイブ）であり、生命体はそれを読み解きながら生きている。読み解かれるゲノムには大きな特徴がある。それは、それぞれに〝完全である〟ということである。たとえばヒトゲノムはヒトという存在をつくり、一生はたらかせ、それを終わらせるための基本的情報をすべて持っており、また、ヒトはそれ以外の情報を必要としない。これはヒトに限ったことではない。大腸菌、酵母、ハエ、マウス、イネなど、すべての生きものが持つゲノムは〝生きる〟ということを支える意味で「完全」なのである。通常歴史の記録にこれで終わりということはなく、開かれている。もし生きものに、よりよいものに進化するという目的があるとすれば、その途中はすべて不完全になる。しかし、ゲノムの場合、どの生きものでもそれがすべてであり完全なのである。それだけで動くシステム、つまり、閉じた系であり、この特徴をどう読み解くかが生命系を知ることになる。

ゲノムは、常に活用されている。つまり、ヒト、マウス、ハエ、大腸菌などが生きることを支えているのである。「生き続けること」、それが生命体の特徴である。この生き続けるは、当初一つの個体（細胞）が続くという方法で具現化されたが、現在は個体には死があり、生殖細胞を通じて続くという戦略をとっている。そこで、〝生きる〟という現象を知るには、アーカイブがいかにしてつくられたか、いかにして読まれているかという二つに眼を向けることになる。記録は進化（Evolution）の歴史を記し続けてきたものであり、この記録を読み解く過程は一つ一つの生きものを生み出す発生（Development）である。進化は、個体を通して行なわれるものであるから、発生という時間の読み解きと進化とは独立したものでなく、二つの時間を重ね合わせることが生命系の特徴を知ることにつながるのは間違いない。

生きものは機械ではなく〝生き続ける〟ことに意味をもつ存在であり、生き続けようとするものは生命体として完全なものであり、その記録は生きものそのものの中にあるという考え方に立つなら、観察は内からの眼にならざるを得ない。とくに、この世に初めて生れた生命体の気持になって考えるのがよさそうだ。

ここで改めてウィーナーに戻ると、先ほども紹介した西垣通著『続 基礎情報学』には彼の考えが自律システム（一貫性、閉鎖性、固有行動、意味の創発）としてまとめられている。これこそ生命誌としてゲノムを読み解く時に見えてくるはずのものであり、ここにネオ・サイバネティクスとのつながりを感じる。

具体的な答は模索中であるが、重要な鍵として、モノーやジャコブらが指摘していた予測不能性、これをより適確に表現する言葉として最近用いられるようになった偶有性とそれを支える再帰性に注目している。偶有性も再帰性も学問分野によってさまざまな使われ方をしているようだが、生きものについて考えるにあたっては基本的で日常的な意味で用いている。発生と進化はまさに偶有性の表現である。個体の誕生を見れば、ヒトの卵からは必ずヒトが生れるが、一卵性双生児であっても決して同じ個体ではない。ヒトという枠はあり、それは生命の歴史を踏まえたものであることは明確だが、どのような形で生れるか、ましてやどのように育つかはわからない。まさに一貫性がありながら創発性のあるシステムなのである。そして、このようなシステムを支える特性はなにかと問いながら進化と発生を調べて行く時に見えてくる一つが再帰性なのである。この言葉は、ここでは同じ構造をくり返すという最も基本的な意味で用いている。ダーウィンの主著『種の起源』にある唯一の図は、彼の進化の理解の表現だが、それは枝分れのくり返しによって無限に新しい生きものを生み出す可能性を示している。進化によって生み出されるものは、当然歴史を踏まえているが、何が生れるかは予測できない。そこで現存生物のゲノムを解析すると、それはすべて共通祖先（細胞）が持っていたであろうゲノムのくり返しによって生じてきた記録であることがわかる。ここで興味深いのは、ある形態や機能の出現よりはるか以前に、そこで用いられる遺伝子が生れていることである。遺伝子そのものでなく、その用い方で新しい形やはたらきが生じるのである。近年、発生によって生じる生きものの形をきめるL－システム、パターンをきめるチューリングパターンなどの基本ルールに生物学者の長沼毅や近藤滋らが注目している。これもまさにくり返しであり、生物学としてはまだこれからだが、進化と発生の重ね合わせからこれらを解いていくことが、生命の理解につながるだろう。人間を考えるうえで最も関心を引く言語についても、チョムスキーの提唱した生成文法がまさに再帰性をもつ。最近、脳内に生成文法を処理する領域を見出した脳科学者酒井邦嘉の研究は興味深い。

以前、「生命のストラテジー」という言葉を恐る恐る用いたが、セントラル・ドグマから完全脱却し（かなり勇気がいる）、内からの眼で生成のルールを探りなおすことでストラテジーを探る時に来ている。それはネオ・サイバネティクスとどこかでつながるのではないか。間違っているかもしれないがそう考えている。

素直に考えれば答は見える

「社会に埋め込まれた科学ないし科学者」、「科学ないし科学者が社会に対して担う役割」という課題を与えられた時には、「科学（科学者）」も「社会」も今多くの人が考えているものを前提として考えることが求められる。しかし、素直に考えるなら、現在の科学も社会も疑問だらけであり、このままでは本来私が求めている〝生きているとはどういうことなのだろう〟という問いに向き合うことはできないというのが実感である。今求めているのは、既存の科学にこだわることなく〝生きているとは〟と問う知を生み出すこと、そのような知的活動が可能な社会をつくることなのである。これこそが強く願うことである。なぜならそれをしなければ、自分のやることが見出せず、自分の存在の意味がわからないからである。しかし同時に個人の願いを越えて、今、科学も社会も変革の時にあるという認識がある。なぜ、多くの科学者がそれを求めないのかがふしぎでしかたがない。

職業欄に「生命科学者」と書かれると「生命誌研究者」と訂正している。ゲノムだ細胞だと言いながら、小さな生きものの発生・進化・生態の研究からわかってくる生命現象を楽しんでいるという点で、生命科学者と変わらない毎日を送っていると言える。しかし、生きているとはどういうことだろうという問いに向き合うとしたら、「科学」ではなく「誌」という知でなければならないと思っており、「誌」にこだわっている。このように思い始めたのは三十年ほど前であり、生きものを知ろうとしたら「誌」だと思ったのだが、今は自然と向き合うなら、「科学」ではなく「誌」ではないかとより広く考えるようになった。

科学がWhat、Howという切り口でモノを対象にした問いを立てるのに対し、誌はそこにWhen、Whereを加えてコトを問うていく。問いの基本である5W1Hを考えてWhy、Whoも入れると表2のようになり、ここに研究者としての人間の姿が浮かび上がる。日常性と思想性を持ちながら自然について考える人である。科学という知をこのような新しい知へと展開せずに科学者という職業に携わっていることに問題があるというのが私の現状認識である。

科学から誌への移行を求めて研究を進めてきたこの二十年、研究者仲間を見ていて強く感じるのは権力と金力の恐さである。生命科学で見ていくと、ゲノム、細胞、タンパク

自然：宇宙・生命体（地球）・人間（生命体）

	誌		
Why	What・How	When・Where	Who
哲　学	科　学	史	日　常
存在驚愕（タウマゼイン）	モノ（構造・機能）	コト（時間・関係）	生　活
最終解（一般解） 真・善・美	暫定解（個別解、合理） 普遍（不変） 固定（機械）	暫定解（物語） 普遍（不変）と多様（変） 生成（生命）	問い・行動
○プラトン、アリストテレス →	○ガリレイ、ベーコン デカルト、ニュートン → ○ダーウィン ○ボーア、ハイゼンベルク シュレーディンガー		

想像力（創造力）

表2　新しい自然誌

質、免疫、発生、再生、進化……あらゆる分野での研究は進展し興味深いことがわかってきた。すばらしい成果をあげた優れた研究者仲間はたくさんいる。しかし、現在の日本の科学のありようを高く評価することは難しい。具体的には大型プロジェクトが動くようになってからおかしくなったように思う。がん、脳などの研究にもそれが見られるが、とくにヒトゲノムプロジェクトという、生命科学にはこれまでなかった大型プロジェクトが動いたことが研究のありようを変えた。ヒトゲノム解析は、開始時にはどうなることかと心配されながら、みごとな進展を見せ、開始から十三年後の二〇〇三年に一応の解読を終えた。三十二億もの塩基配列を決める作業は、技術開発や組織づくりなどを含む大事業だったが、一方で三十二億という限られた数の解析をすれば終わる。従ってプロジェクトとしては成功したわけだが、実はこれが同時に副作用をもたらした。生命科学には、ゲノム解析以外「これで終わり」という明確な目的の決められるテーマはないのに、期間を決めた大型のプロジェクトを組むことが最先端研究であるという風潮ができたのである。しかも「ゲノム解析の終了」は研究の始まりであったのに、「ゲノムは終わった」と言って、ゲノムと名のつく研究を避け、タンパク質などを対象にした大型プロジェクトを明確な思考も思想もないままに進めることになった。ここで重視されるのは、権力と金力となる。以来、生命科学は、思考と思想に代わって権力と金力が支配する世界になったと言ってよい。政治家・官僚によって動かされ、求められるのはいわゆる役に立つこととなる。STAP細胞が話題になった時、すぐに文科省が予算獲得の好機として動き、安倍首相が総合科学技術会議を動かそうとした。そのまま進めば、そこでは企業から役に立つ研究を求める声が出て大型予算が動くことになっただろう。はからずも、科学技術政策や予算が研究者内での評価などまったくなされないまま動いていることが明らかになったのである。研究者の側にも、これを期待する気持があり、功を焦って若い研究者の不正を見抜けず、とんでもない茶番を演じてしまったこの例は、日本の生命科学のありようを如実に示したものである。

研究者社会が、大型予算獲得競争を止め、研究全体を眺め、今なにが必要かを考え、本当に必要なところに必要な予算を配分するシステムづくりをする決心をしない限り、権力と金力の中で愚かな競争をするという姿は続くだろう。そこで、よい科学が生れ、よい科学者が育つはずはない。

近代の中でどう生きるかを考え抜いた人に夏目漱石がいる。その漱石が「道楽と職業」と題して行なった講演でこう言っている。開化が進むにつれて職業が非常に多くなり、専門化しお互いに頼り合わなければならない社会になった。そこで、人のためにしてやったことで報酬を得る、これが職業であると言うのである。そして「人のためというのは（精神的にまた道義的に働きかけてその人のためになるということではなく）、人の言うがままに、欲するがままにという卑俗な意味で、手短に述べれば人の御機嫌を取るということだ」（要約）と言っている。職業はいやでもやらなければならないことであり、一方道楽は、自分勝手に自分の適宜な分量でやるのだから面白いと言うわけだ。

その後にこう続く。「ただここにどうしても他人本位では成り立たない職業がある。それは科学者、哲学者もしくは芸術家で、職業は一般の御機嫌を取るところがなければならないとすれば、これらはすでに職業の性質を失っていると言わなければならない。だからこれらの人は割に合わない報酬を受けることになり、直接世間と取り引きしては食ってゆけないからたいてい政府の保護の下に大学教授などになってやっと露命をつなぐのだ」。そして、「これらは自己本位でなければとうてい成功しないことだけは明らかだ」と述べている。

明治・大正の話を平成の今に持ち出してどうするのだと言われそうだし、漱石特有のシニカルな物言いには気をつけなければならないが、本質をついていると思う。科学は、宇宙、生命、人間などについて、すぐには答の出ない問いを考え続けたいという思いにかられ、それを考えることが生きることと連動しているからこそ行なう行為である。およそ人間であれば、誰もがこの問いを持っているはずなので、そこへの語りかけが科学者の役割となる。科学の進展、社会のありようを学んだうえで、今大切と思うことを探し出すことは必須だが、最終的には自身が思いを込めて研究できることをやらなければ意味がない。

ところが今や「役に立つ」という言葉に振り回され、そこに合わせて（漱石の言う〝人のために〟）研究を進めること、その中で競争することが優秀な科学者のなすことであるかのようになってしまった。その結果本当に役に立ち、暮らしやすく、皆が生き生きできる社会づくりができるのなら、これを科学とすることにしてもよいだろう。しかし、それができているとは思えない。やはり科学には、本質を見つめ、大切と思うことを行なうことで、人間の知を豊かにするという本来の姿しかないのではないだろうか。

その成果が技術に利用され、生活を便利にしたり、医療を進めたりするのはもちろんである。医療であれば、今最も求められる技術や薬はなにかという全体像から始まる技術開発もあれば、この人を救いたいという気持から始まる研究もあるだろう。あるから使うのではなく求められて使うのが技術である。そのような技術が存在するには、その背景に豊かな知、少し広く言うなら文化がなければならない。先進国とか豊かとかいう言葉は、このような知・文化が存在することを指す。

本来の科学（私はこれを誌へと展開したいが、ここではその気持も含めて全体を科学と呼ぶ）が存在するにはどうするか。答は「人」しかない。日常性と思想性を持ちながら今大切なことはなにかを考えてこの国の科学研究を先導し、支えていく人が不可欠である。残念ながら現在〝リーダー〟の地位にある人の中にそれを見出すことは難しい。科学の現状に問題があることは多くの科学者が認めている。とくに若い研究者のこれからを考えるとこのままではいけないと強く思う。大型プロジェクトの中に入り、一見恵まれた環境にいる研究者も、自主性・自律性はなくデータ生産のための歯車になっていたり、将来への不安を抱えているなど、決して研究者として育つことを実感できる状況にはない。一方、以前はすべての研究室に配分されていた基本的な研究費がなくなったために、研究を進めることも難しい貧しい環境に置かれている若い人たちも、よい研究者に育つことは難しい。

研究者が育たない環境をつくっていては将来がない。〝リーダー〟と呼ばれる地位にいる研究者は、自分自身や属する組織だけを考えるのでなく、まさに本当の〝人のため〟に、どのようなシステムがよいか、研究費の配分はどうするかを考え、徹底的改革をする決心が必要である。優秀な人の獲得のために高収入のポストをつくるなどというのは愚かなこと、研究の喜びは本来そんなところにあるのではないと漱石も言っている。心置きなく研究できる保証が大事だ。科学とはなにか、科学者とはなにか。素直に考えたら答は簡単に見えてくるはずである。

第2部　思慕と追憶

明るい食卓の喜び

東京の真ん中にある四谷という町で子ども時代を過し、終戦の年には数え年で十歳。小学校四年生だったのだから、直接戦火に遭っていてもふしぎはないのに、なぜかうまい具合に少しずつタイミングがずれ、本当に恐い体験をしないままに終戦の日を迎えることになった。一九四五年八月十五日に暮らしていたのは愛知県の三河湾に面した小さな町。父の仕事の関係で疎開していた。

爆弾を落とされたとか、機銃掃射を受けたとか、同世代の仲間から聞かされる体験がないとはいえ、戦争の真っ只中で育ったのだから、その影響はもろに受けている。ただしそれは、あくまでも暮らしの中のことであり、〝戦争〟という二文字の本当の意味が理解できていたとは思えない。当時のことを思い出した時、頭に浮かぶのは毎日の暮らし。だから今、世界の中で起きている多くの戦いを考える時も、気になるのは、そこに暮らす人々のことであり、とくに子どもが気になる。

八月十五日についても同じである。実は、敗戦の「詔書」を聞いた記憶はない。いつもと同じように友だちと遊んでいたのではないだろうか。はっきり覚えているのは、夕飯の時に食卓の上の電灯がとても明るかったことだ。遊んでいても、腹時計でそろそろ夕方とわかり家に帰る。夕飯の仕度をする母の邪魔にならないように幼い弟妹の面倒を見るのが私の役割。よく皆で駅まで父を迎えに行った。とうもろこしやさとうきびの畑の間の道を通っての往復は、弟や妹にとっては小さな遠足。はしゃいでいたのを思い出す。

ちゃぶ台を出すのも私の仕事。揃って食卓を囲んだ時、その日は真上にある電灯の笠を覆っていた黒い布がはずされていた。幸い、私の暮らしていた所は、直接の爆撃は受けなかったけれど、伊勢湾上空を通って名古屋に向う米軍機は数え切れないほどであり、ラジオから、目標として津などという地名が流れてきた。実際に、三河湾をはさんで向い側の知多半島の空が真っ赤に燃えているのを何度も見た。各家からもれる小さな光も米軍機にとっては目印になる。決して明りが外へ出てはならない。それを守っていたのである。

今と比べれば、電灯自体それほど明るくなかったのではないかと思うのに、それを黒い布で覆うのだから手もとしか見えない。皆でそこに集まって食事もすれば勉強もするのである。その黒い布がはずされて、部屋中に明りが広がった時の嬉しかったこと。戦争が終わったというより、この明るさの中で暮らせるのだという実感が私の八月十五日である。

戦争として考えれば、この日の前後で黒か白かと明確な線が引けるはずだが、暮らしという点では翌日からガラリと変わるというわけにはいかなかった。事実、黒い布はとれたのに、始終停電があり、ろうそくで暮らさなければならない夜も少なくなかった。新しい洋服などなかなか買えない中、毎年春になるとセーターをほどいて、次の冬のために編みなおしてくれていた母の手助けをしようと、ある日ろうそくの灯の下で洗濯ずみの毛糸を玉にし始めた。くるくるくるくる……玉を作っていけばよいのだが、その日は具合の悪いことに途中で糸がこんがらかってしまった。さあ大変、お手伝いをしてよい子になろうと思ったのにとんでもないことをしてしまった。暗い中、毛糸をほぐすのは、かなり困難な作業で、焦れば焦るほどもつれはひどくなった。今でも時々こんがらかった糸をほぐす時、あの焦りを思い出す。

戦争の実感の始まりは、「東部軍管区情報、東部軍管区情報」という声がラジオから流れ、警戒警報発令が、空襲警報発令に変わった頃、強制疎開と称して近くの家々が壊され始めたことである。延焼を防ぐためとのことだった。今まで住んでいた家が、まさに強制的に壊されてしまう不条理さ……幸い我が家はそこからはずれたものの、とてもやりきれない気持だった。そんな中、学童疎開が始まった。安全な所でしっかり勉強できるように……三年生なら親許を離れても暮らせるだろうということで、山梨県に疎開した。戦争がなければこんな体験はなかっただろうから、ここでも戦争の二文字が浮かび上がるはずなのだが、思い出されるのは口々の暮らしのあれこれ（この中には語るべきことがたくさんあるが）である。三月十日の東京大空襲の後、家族も東京の家を離れて愛知県へ移ることになった。両親は、結婚後自分たちで築いてきた生活を捨てることが辛かったと後に話してくれた。もう一度帰るつもりで、日常の暮らしそのままの状態で――飾っていたお雛様もそのままにして離れた家は、五月に消失した。疎開先に迎えに来てくれた父は、長旅だからと言って、新しい靴を持ってきてくれた。これで最後、もう買うことはできないと思うと言いながら履かせてくれたその靴は、その時だけのものになった。愛知県の疎開先の学校へそれを履いて入学手続きに行ったところ、後ろに行列ができてしまったのである。靴が珍しいと言って。翌日から私の履きものはわら草履になった。わら草履で走りまわった三年間――もちろん八月十五日もそれを履いていたはずである――子どもなりに日常生じる疑問を解く毎日だった。

とはいえ、自分で考えたという記憶は、やはり敗戦後の方が強い。学校に唯一人だったが、戦争が洋服を着ているような人がいた。まさに軍服姿で、とくに男子生徒に厳しかった。級長だった子は、とても優しく、先生方からも可愛がられていたが、軍服の先生だけは、その子をよく殴っていた。何を叱られていたのか。これまた、どこか不条理を感じていた。八月十五日という日を境にして、急に変わったことと言えばこの先生の様子が一番記憶に残っている。誰も殴らなくなったのはよいが、腑抜けのように見えて気になった。心の奥まではわからなかったけれど。

戦争の中で育ち、敗戦という体験をしているのに、仕事の関係上父が戦地へ行かず、兄も幼年学校へ入学したところで戦いが終わり、家の焼失の時も現場にいなかったという偶然が重なり、ここまで書いてきたことは、あまりにものんびりし過ぎているように見えるかもしれない。もちろん、戦地に赴いて戦った人々の苦労は筆舌に尽くせないものだろうと思う。広島・長崎での、原爆や各地での空襲によって命を落とした多くの非戦闘員のことを思い、沖縄などの島々の人の体験談を聞くとなんともやるせない。それを忘れてはならないと思う一方、それだけで語ってしまうと、戦争が今の暮らしとは関係のない歴史になってしまう危険も感じる。

目立たないけれど、日常生活の中にぐんぐん入りこんでくる戦争の影響。灯火管制をされても、庭にさつまいもを植えてその葉っぱや茎まで食べるというような食生活であっても、なんとか暮らせてしまうだけでなく、そんな中でもささやかな楽しみや喜びを探すことができるのが人間である。不条理だと思いながらも、それが人生と疑問を呑みこんで暮らしていくことにもなる。戦争がなくたって貧しい人はいるのだし、不条理はどこにもあるよと投げ遣りにもなりかねない。

けれども、人間にとって最も大事なのは、日常の暮らしである。誰もが自分の人生を、できるだけ自分らしく生きるには……。そう考えた時、最もあってはならないのが戦争である。戦時中、文句などほとんど言わずに生活を支えてくれた母。五人の子どものためにできるだけ美味しいものを工夫し、自分の着物や洋服をほどいて服を作ってくれるなど、毎日を楽しむことを実行して見せてくれた母。その母が晩年、ボソッとつぶやいた言葉が忘れられない。「もう一度戦争に巻きこまれるくらいなら、死んだ方がましだわ」

どちらかと言えば奥手の十歳で八月十五日を迎えた私は、その体験を国際政治などとは程遠い、日常の暮らしというところから判断するほかなかったのだが、今では暮らしからの判断でよいのだと思っている。

全ての子どもに母の手料理を

特別の信念があるわけでも、無理をして頑張ったのでもないのですが、結婚して食事に責任を持つようになって四十年以上、一度も店屋物《てんやもの》をとったことがありません。

もちろん、外で食べることはあります。お寿司、天ぷら、鰻、中華料理、フランス料理……でもそれもあまり回数が多いとは言えません。

日曜日などに家族に声をかけても、皆あまり乗って来ないのです。

というわけで、わが家は手づくりの家庭料理が主な食事。有名な料理学校へ通ったわけでもないので、ごく平凡な手料理ですが、なぜかそれが一番安心して楽しくいただけます。

仕事の関係で、パーティや会食に出席すると、素材も技術も一流で確かに美味しい。でもいつも食べたいとは思いません。

食事のことを初めて意識したのは、小学校三年生の学童疎開で、母の手料理から離れた時でした。

一九四四（昭和十九）年、敗戦の前年ですから、食料事情はかなり悪くなっていました。農村とはいえ、突然都会の子どもたちが一〇〇人近くもやってきたのですから、食べもの調達は大変だったでしょう。夏でしたから、朝はナスの味噌汁、昼も夜もナスの煮物と一日中ナスばかりという日もあり、悲しくなりました。おやつはサツマイモ。テーブル（と言っても、みかん箱の上に張物板を乗せたもの）の上のお皿に一切れずつ載っているおイモの大きさを比べて、なんだか私のは小さいと思う。なんともいじましい癖がついてしまったものです。

その時流行したのが、東京にいた頃に食べたものを思い出して絵に描くことでした。シヨートケーキ、アイスクリーム、チョコレート……とても上手に描く六年生に頼んで描いてもらった、おいしそうなウェファース付きアイスクリームにはよだれが出ました。

幸い、この生活も半年足らず、家族も疎開することになったので、引き取ってもらえました。久しぶりの母の手料理。もちろん、日本中食糧難の時です。ぜいたくはできません。庭で作ったサツマイモを混ぜた御飯。というより、サツマイモにお米粒がついたという方が正確な御飯。サツマイモの葉も茎も炒めて食べました。ただ疎開先は、運良く海が近く、毎朝新鮮な海の幸を届けてもらうことができ、時には近くの農家からニワトリを一羽買えることもあるなど、まさに地産地消。すべて素性のわかっている穫れたてのものを食べていたのですから、今考えると、ある意味でのぜいたくだったとも言えます。

母は、工夫大好きで、生活を楽しむ人でしたから、魚をおろし、ニワトリを捌き、毎日の食事を楽しくしてくれました。小さい時からキャラメル大好きだった私のために、麦芽を育てるところから始めて、これまたサツマイモを材料にしたピーナッツ入りの飴を作ってくれたこともあります。

父は外出大好きの人で、戦争前にはよく銀座へ食事に出ていましたが、疎開先ではそれは不可能。でも、それゆえに、庭で作ったトマトやカボチャ、近くから求めた魚や肉での料理づくりを手伝うことになり、お料理の楽しさが身についたのです。

戦争は二度としたくない体験ですが、ただ、そのために、身近などこにでもある普通の素材で、工夫をして作る家庭料理が、私の食の原体験になったことは、よかったなと思っています。

もちろん、だから戦争も悪くないなどとは申しません。事実、子どもの眼からは、生き生きと、庭で野菜を育てたり、買い出しに行ったり、大きなお釜でたくさんのカニを茹でて、「今日は御飯の代わりにこれよ」（お米がないのですから仕方がありません）と元気よく声をかけてくれたりしていた母ですが、晩年、戦争だけはイヤ、もう一度あの生活をしなさいと言われたら死んだ方がいいのと言っていました。心の底から出てきた言葉であり、私にもその気持がよくわかります。

とくに、子どもたちの頭上に爆弾を落とすようなことは、決してしてはならないと、今、世界のあちこちに見られるさまざまな争いの報道を見ながら思います。

すべての子どもたちが、私の子ども時代程度でもよいから、母親の手料理を家族とともに楽しめる社会にしたい。生命誌を始めたのは、そのような社会づくりに役立てたいと思ったからです。今日も台所で、娘と一緒にコロッケを作りながらそんな話をしています。

あるがままのまどさんの世界

『まど・みちお全詩集』を開けば、どのページにも心惹かれる言葉があり、メロディのついたものは、つい歌ってしまいます。口ずさみながら思うがままを綴っていきたいと思います。

私がまどさんの詩に接したのは大人になってからです。長女が生れ、久しぶりに近くの書店の児童書コーナーへ行ってみたら、私の子どもの頃とは大違い。

面白そうな本がたくさん並んでいて興奮しました。その中から「てんぷらぴりぴり」という文字が眼にとびこんできたのです。「ぷ」と「ぴ」についている「○」（半濁音）の配分がなんとも楽しく、口に出してみても「ぷ」と「ぴ」という唇をはじかせる音の感じが面白いので、手にとりました。

標題になっている「てんぷらぴりぴり」はもちろん、「つぼ」「二本足のノミ」など短い言葉の中に大きな世界が広がる詩の集まりに感激。早速求めて子どもと一緒に楽しみました。中でもお気に入りは、「つけもののおもし」です。

つけもののおもし

つけものの　おもしは
あれは　なに　してるんだ
あそんでるようで
はたらいてるようで
おこってるようで
わらってるようで

すわってるようで
ねころんでるようで

ねぼけてるようで
りきんでるようで

こっちむきのようで
あっちむきのようで

おじいのようで
おばあのようで

つけものの　おもしは
あれは　なんだ

白菜を漬けた樽の上にどんと置かれた石は、漬けた人間にとってみれば大事な大事な存在です。冷たい水で洗った白菜をていねいに並べ、重しを置いてから数日たつと少し水が上がって石の下の方が湿ってくる。これで美味しい漬物になるぞ、塩加減はよかったろうな、コブのだしはきいているだろうなと思いを巡らせると、サクッとした歯ごたえが思い出されます。

でも、つけもののおもしは、そんな大事なことをしている様子を見せません。「なにしてるんだ」と言いたくなる風情で、でんとしています。けれども何かはしているらしいのです。「あそんでるようで、はたらいてるようで」。子どもたちと、つけもののおもしごっこをやると面白い。「すわってるようでねころんでるよう」ってどうなるか。とくに「あっちむきのようでこっちむきのよう」は、まさにつけもののおもしの独壇場であり、これをどう表現するかには、苦労します。

まどさんの詩に登場するものは、すべてそうなのです。石だろうと山だろうと、リンゴだろうとバナナだろうと、ゾウだろうとノミだろうと、せっけんだろうとふうせんだろうと、もちろん人間だろうと。この世の中にあるものは、あるというだけでもうよいのです。そこにどんな意味があるか、価値があるかを考えて、ノミとゾウを比べてみても、まったく意味がありません。

「あるだけでよい」。もちろん、そのようにしてあるためには、それぞれがそれぞれに苦労したり、頑張ったり、怒ったり、悲しんだり、喜んだりしているのでしょうが、それはそれ。「あるということ」をそのまま受け止め、時には「あること」をふしぎがったりする。それが、生きていることなのではないでしょうか。ですから、「つけもののおもし」に対して「あれはなにしてるんだ」というのは、決して非難でも否定でもありません。「なにしてるんだ」「あれはなんだ」と思わせてくれるありようは素晴らしいのです。しかも「ねぼけてるようで、りきんでるようで」「おこってるようで、わらってるようで」一つではない、たくさんの目で物事を見られるようにしてくれているのですから、なんとも魅力的な存在です。

あるだけでよいというのは、人間としてそれを見た時の感じ方ですが、まどさんの見方は、そこにあるものそのものが、自分自身をあるがままでよいとしているのだというところにまで進みます。イヌ、スズメ、ヘビ、フナ、アリ、スミレなどが、どれもこれも、「自分がちょうど自分くらいに自分にしてもらえていることを喜んでいる」。恐らくこれは生きものに限らないでしょう。「つけもののおもし」も「あっちむきのようで、こっちむきのようで」いるのは、自分がちょうど自分くらいに自分にしてもらえていることを喜んでいる姿なのだと思います。そこにはもちろん、人間も他のものと同じように、自分がちょうど自分くらいに自分にしてもらえることを喜んでいて欲しいという気持、更には、人間は他のものがそれらしい存在としてあることをも喜ぶ存在であって欲しいという気持がこめられています。愛という言葉は使われてはいませんが、愛するとはこういうことなのではないでしょうか。

「あるということ」に関してのまどさんの見方については、まだまだたくさん思うところがありますが、あと二つだけあげておきます。一つは、ものごとを思いがけない角度からも見る多様な目です。お風呂に入って、小さくなってしまったせっけんを見た時、誰もが思うのは、「せっけんのおばあさん」ではないでしょうか。働き通したのだからおばあさんと見るわけで、それも面白いのですが、まどさんにはこのせっけんが「かわいい赤ちゃん」に見えるのです。小さなせっけんを見た時に、そろそろ終わりが近いと思うか、これから大きくなっていく可能性を持ったものと思うか。せっけんは減っていくしかないはずで、育つなどと思うのはばかげているわけですが、でも一つのものを見た時に、いろいろな見方ができ、しかもその中に可能性を見ていく目があるのは素晴らしいことではないでしょうか。

もう一つは、「あること」を大事に考えるのなら「ないこと」も大事に思えるものだという考え方です。ここにリンゴがあれば、リンゴがあるほかには何もないことになります。

物理学の法則で、二つの物体が同じ空間を占めることはないことになっていますから。そこでまどさんは、リンゴを見て、「ここで、あることとないことが、まぶしいようにぴったりだ」と言っています。「まぶしいようにぴったりだ」。これ以上に「あることの意味」を明快に表現する言葉があるでしょうか。

日常生活の中では、常に「あること」だけを大事にしがちです。「ないことの意味」、生きものについて言うなら、「なくなること」というプロセスにも思いが向かなければいけないのに、普通は、生きていることや生れることの方にしか価値を見出そうとはしません。何かがあるということは何かがないということなのだというところに思いを向けるなら、何かが生れてくることの背後には、何かが消えていくこと、失われていくことがあるのだということも考えずにはいられなくなります。

私の仕事「生命誌（バイオヒストリー）」では、科学研究のデータを基礎にして、生きているとはどういうことかを考えています。それは、私はなぜ今ここにいるのだろうという問いを問い続けることでもあるので、まどさんの詩の中に、共感する言葉をたくさん発見することになるのです。

生きものを見ていて面白く思うことの一つに、なんでこんなにいろいろな形をしているのだろうということがあります。私たち人間も含めて多くの生きものの始まりは丸い卵。

サケもアヒルもマウスもヒトもそれほど変わりません。ところが、そこからそれぞれ特徴のある形のものが生れてくるわけですし、形がきまった後は、それぞれの形に合った暮らし方をするわけです。現代生物学の大きなテーマの一つは、形にあります。近年、DNA研究が進み、ムシもサカナもトリもヒトも、形の基本は節でできており、それをきめる遺伝子は共通だということがわかってきました。何億年もの間同じ遺伝子を使って形づくりをしながら、暮らす場所、暮らし方の違いが形の違いにつながり、地球上にはさまざまな姿形がある。この裏で何がどのようにはたらいているのだろう。それを知りたくて研究しています。

ところで、まどさんも生きものの形には、興味津々の様子で、形を扱った詩はたくさんあります。そのものズバリの例。

ナマコ

ナマコは　だまっている

でも
「ぼくナマコだよ」って
いってるみたい
ナマコのかたちで
いつしょうけんめいに…

ナマコが眼に浮かびます。長い脚があるわけでも、立派な角があるわけでもなく、これ以上なんでもない形があるかしらという形であるだけに、いっしょうけんめいにナマコだよと言っている感じがよく出ています。

有名な「けしつぶうた」では、形オン・パレード。ワニ（かんがえている、かんたんにうしろをむくほうほうを）、カボチャ（すわったきりだがかたがこる）などなど、植物も含めて形の面白さを楽しむことができます。それどころか、テニスコート（そらとじべたのいたばさみ）まで登場します。あなたは私の脚で踏まれていただけではなくて空と地面の板ばさみになって悩んでいたんですねと、普段遊びなれたコートがいとおしく思えます。

形を思わせるもので、もう一つあげたくなるのはミミズです。

ミミズ

ひとりで
もつれることが　できます
ひとりで
もつれてくることが　あります
ひとりで
もつれてみることが　あります
あんまり
かんたんな　ものですから
じぶんが…

で　ちきゅうまでが…

週末に庭に出て土をいじっているとよくミミズに出会います。ナマコと同じように、これ以上そっけなくはなれないだろうという形をしていますが、なるほど、土の中であれこれもつれてみては、どんなもんだいと思っているに違いありません。実は私たち生物研究者は、ミミズの偉大さを知っています。『種の起源』という大著で進化論を提唱したチャールズ・ダーウィンが最後に著したのが『ミミズと土』。以前は、この大博物学者も年を取って耄碌《もうろく》し、くだらない本を書いたなどと言われたこともあったようですが、どうしてどうしてミミズは博物学者としては興味を持たざるを得ない存在であることがはっきりしてきているのです。ミミズは大昔、人類誕生以前から、岩石を砕いて体内を通し土をつくり、更につくられた土を常に耕して土壌を肥沃に安定した状態にする役割をしてきました。ですから、ミミズのおかげで作物が育ち私たちが生きていけると言っても過言ではないのですが、普段土の中で、あの姿を見かけただけではそんなことは想像できません。

まどさんは、このミミズの力を御存知だったのかもしれません。でもそんなことはどうでもよいのです。ミミズもナマコもあの形で結構、だからどうっていうことはないでしょう。フッともつれてみたり、いっしょうけんめいに形を主張してみたりして生きてるんですよということではないでしょうか。

形そのものを描く絵画や彫刻に比べて、詩人まど・みちおが言葉で紡ぎ出すのは形の中にある本質です。そこからは形を越えて、ものそのものの本質が見えてきます。体の中から自ずと生れ出てくる言葉の力を感じます。

「てんぷらぴりぴり」から入ったので、まどさんのお仕事の中でもむしろ後半に書かれた詩をとりあげてきましたが、もちろん、まどさんといえば、「ぞうさん」をはじめとするたくさんの童謡が浮かびます。それらを子どもたちと一緒に歌った頃は、私にとってもなつかしい大好きな時期です。NHKの「おかあさんといっしょ」という番組で、「歌のおねえさん」の歌を聴き、一緒に歌うのが大切な朝の一時《ひととき》でした。あの頃は、テレビ番組も今のように騒々しくなく、清楚なブラウス姿のおねえさんの澄んだ声が今も心地よく耳に残っています。子育てと言えるほどのことをやらずに、育つがままに任せてきたというのが実感ですが、子どもたちとあの時間を共有できたことはよかったと自信を持って言えます。

大好きな歌はたくさんありますが、一つだけあげるとすれば、「おさるがふねをかきました」です。

おさるが　ふねを　かきました

ふねでも　かいてみましょうと
おさるが　ふねを　かきました

けむりを　もこもこ　はかそうと
えんとつ　いっぽん　たてました

なんだか　すこし　さみしいと
しっぽも　いっぽん　つけました

ほんとに　じょうずに　かけたなと
さかだち　いっかい　やりました

今でもよく歌います。歌うたびに顔が自然にほころんできます。たった八行ですけれど、おさるの子どもを主人公にした物語ができあがっています。なんだかちょっと退屈だなあ、お絵描きでもしようかな。紙を広げ、クレヨンを持ち出し、まあ船でも描いてみるかというわけです。子どもたちの日常にもこんなことがよくあります。さあ船を描くぞと言うのではなくて、「船でもかいてみようかな」という気持、この辺が子どもそのものだと思います。これは、子どもを観察してできることではありません。子どもそのものにならなければこうはなりません。そこが、まどさん。この詩はどの言葉一つとってみても、おさるの子どもの発言以外の何ものでもありません。

最近このような歌が消えていっているのが残念です。童謡ブームと言われますが、それは、大人が大人の気持で子ども時代をなつかしむものとしての童謡です。赤とんぼ、里の秋、ふるさとなどなど、美しい風景やなつかしい人々を思い起こさせるきれいな言葉とメロディーは、それはそれで素晴らしい。けれども、子どもが歌うのにふさわしいかと考えると、どこか理屈っぽくて、整っていて、とんでもないところがありません。

子どもが子どもとして存在できる。「つけもののおもし」のところで、それぞれがそれぞれとしてあることをそのまま受け止めることについて書きましたが、今はどうも子どもが子どもとしてあることが難しい世の中なのかもしれません。ましてや、子どもの心そのままの大人は消えつつあるのかもしれません。なんだかまどさんを絶滅種のように書いてしまいましたが、子どもの心が消えないようにしなければ、それこそ人類が滅亡するでしょう。

近年の科学技術の進歩にはめざましいものがあります。日常生活のほとんどが機械とのつき合いと言ってもよいほどです。自動車、テレビ、携帯電話、コンピュータなどの中で子どもたちは育っています。とても便利で、清潔で、食べものも充分あって……言うことなしのように見えますが、本当にそうなのだろうかという疑いが頭をもたげます。

生きていることのふしぎに興味を持って研究を続けているうちに、科学および科学技術のありようがどこかおかしいと疑問を持つようになりました。科学研究は大好きです。ふしぎが少しずつ解きほぐされるのが楽しいのです。地球上のあらゆる生きものがＤＮＡを基本物質としている仲間だということがわかった時には興奮しました。イヌも友だち、アリだってタンポポだって仲間だという気分ではいましたけれど、それはあくまでも気分です。調べてみたら本当にそうだということがわかってきたのですから、やっぱりそうだったんだと納得しました。前にも書いたように、その後の研究で、体の形づくりにはたらく遺伝子がムシでもトリでもヒトでも同じだということもわかり、ますます楽しくなってきました。ところが、研究はだんだんに、生きものを機械のように捉え、それを分解して構造やはたらきを徹底的に調べよう、そうすれば生きもののことはわかるという方向へ進んで行ったのです。しかも、機械ですから調子が悪くなった時には部品を取り替えればいいじゃないかということで、医療もそちらに向かっています。

なんだかおかしい。生きものは自然の一つであり、もちろん私たち人間もその中にいます。そこで、私はどうしてここにいるのかと問うて見たら、あたりまえのことですが両親あってのものだということに思いあたりました。生きものは、長い長い時間が産み出したものだ、しかも皆がお互いに関係し合いながら生き続けてきたのだという、日常感覚でみればすぐわかることを改めて思い出したというだけのことです。そこで、「生命誌」という新しい考え方で仕事を始めたのです。生きものが語ってくれる歴史物語に耳を傾けよう。その物語は、宇宙誕生から始まる長い長い物語です。生きものを産み出した地球は宇宙の中で生れたのですから。生きものを機械として分析していく場合に必要なのは、数式や法則です。けれども生きものが語る物語を読もうとしたら、必要なのは「言葉」。生命誌は言葉を求める研究でもあります。

まどさんは、自然の中のさまざまなものを見つめます。カもノミもアリもオオバコも……その一つ一つをいとおしみ、その特徴を表わすことばを並べていくと、そこからはいつも「いのち」「自然」「宇宙」が見えてきます。「大むかしの水に自然に生きものたちが生まれでたように、生きものたちのいのちに自然にゆめが生まれでて、ゆめには自然にこえが生まれでて、こえには自然に言葉が生まれでて……」という気持があるので、まどさんの言葉は、「しぜんに」いのちや自然や宇宙につながるのでしょう。生命誌は、まどさんが「思いださせてくれないか。だれもわすれたそのはじめの日のことを……」と唱って求めている生きもののはじめの日を常に意識し、そこから続いている生きものたち、その仲間である人間を研究しています。

科学と文学と分けて水と油のように考える人がよく見られますが、関心の対象は同じ、「人間」「いのち」「自然」「宇宙」なのですから、決して異質のものではありません。そして二つを結びつけるのは、やはり言葉でしょう。

ただ気になるのは、すべてを機械として見てきた科学が産み出した科学技術文明が、言葉を排除しているように思えることです。生きものについても歴史や関係などは無視して、機能だけに眼を向け、効率や経済が優先します。子どもたちも、自然の中で暮らすよりは、テレビやコンピュータ、携帯電話と接している方が楽しいと思っているように見えます。

どんな時代になろうとも、人間が生きものの一つであることに変わりはなく、そうである以上、他の生きものたちとつながっています。それは、宇宙の始まり、地球の始まり、生きものの始まりという遠い昔ともつながっているということなのです。機械の中に入りこむよりも、自然とつながる存在として生きていった方が、より豊かで、面白い生活ができるはずだと私は思っています。人間が作り出したどんなに複雑な機械よりもアリの方が巧みに働く存在ですし、アリと他の生きものとの関係まで含めれば、科学ですべてがわかるものではありません。でも三歳の子どもが、じっと地面を見ていれば、アリのこと、アリの社会のこと、アリが大きな昆虫の死骸を巣に運びこめることなど、たくさんの関係に気づきます。そしてそれをお母さんに伝える。幸い人間自身が生きものなので、直観で自然のこと、生きもののことはわかってしまうのです。これを私は「生きもの感覚」と呼んでいます。そして、その感覚を表現する手段の一つとして「ことば」があるわけです。

人間は、生きものであるという自覚と同時に人間であるという自覚が必要ですが、数ある生きものの中で、人間を人間として特徴づけているものは、「言語」でしょう。人間として生きようとしたら言葉をいい加減にするわけにはいかないはずですが、科学技術万能の社会はそれを意識していません。開発によって地球上の生きものたちの中に絶滅しかねないものがたくさん出てきていることに気づく人はふえました。生きものには多様性が大事なのであって、際限のない開発はそこで暮らす生きものを消すだけではなく、人間をも含めた生きもの全体の存在を危うくするのだということも指摘されています。けれども生物と同じように、開発が失わせているものに言語があることは、まだ注目度が低いようです。言語の多様性は、自然の多様性と対応して生じたものであり、私たちが自然の多様性を認識し、それを文化として継承していくためにはそれぞれの自然に合った言語が消えないようにしなければなりません。

まどさんの、やさしい、体の中から自然に生れ出てくる言葉が紡ぎ出したたくさんの詩を読むことで、私たち皆が、自分が生きものであることを思い出し、「人間」「いのち」「地球」「宇宙」を、自分のものとして感じ、更には表現し続けていけるようにと願っています。まどさんの童謡を歌い、詩を楽しんでいる子どもたちは、きっとすべてのものがあることをよしとする社会を作ってくれるでしょう。

巨人を仰ぎ見る小人

一九八〇年代半ば、生命科学に何か物足りないものを感じ始めていました。遺伝子やDNAという言葉が専門外の人々の口にものぼるようになって生命科学は華やかに見え、バイオテクノロジーという言葉も生れて社会の役に立つことを期待されてもいたのです。しかし、生きものの多様性、生きものに感じる日常的な関心に眼を向けると何もわかっていません。純粋に生きもの、更には生命に向き合う知がなければいけないのに、という疑問と悩みが日を追って深くなっていきました。そんな中で「生命誌」（実は「生命誌研究館」）という言葉が頭に浮かび、少しずつ何を考え何をやったらよいかが見えるようになった頃、出会ったのが多田富雄先生の『免疫の意味論』、九三年に大佛次郎賞を受賞なさった名著です。御専門の免疫学を基盤に自己とは何かを追求し、生命をスーパーシステムと捉えられたみごとさに圧倒され、私もこういうことを考えたかったんだと思いました。

私の求めていた知をこんなにみごとに捉え、表現なさる方から学びたいと思いました。同じ年、私は『自己創出する生命——普遍と個の物語』で毎日出版文化賞をいただきました。長い間の悩みをそのままとめた本でしたから、評価していただけてとても嬉しかったのを覚えています。生命の特質を「創出」と捉え、自己について考えたその本を読んで下さった多田先生が「何か同じことを、同じ方向のことを考えているんじゃないかと思う」とおっしゃって下さったのです。私もまさにそう思っていたわけですが、多田先生は、でき上がった個体から出発なさっており、一方私はでき上がるところを見ているので、まったく同じではありません。そこで哲学書房の中野幹隆さんが話し合いの場を作って下さいました（その中野さんももういらっしゃらない、寂しい限りです）。当時『唯脳論』で世間を賑わせていた解剖学者の養老孟司さんと三人、自由に思いきり話し合ったその記録は『「私」はなぜ存在するか——脳・免疫・ゲノム』としてまとめられています。

今回読み直し、ありがたい機会を与えられたことに感謝しました。話がとびそうになると、ちょっとたしなめるように語られる多田先生の声が聞こえてきます。脳梗塞で倒れられて発話が不能になっても、書くことで次々と大切な発信をなさり、コンピュータを活用して話をし続けて下さったのはありがたいことでしたけれど、少し故郷のなまりがある語り口から伝わってくる先生の思いを、もう一度そのまま受け止めたかったと思います。

「免疫学的な自己というものがあるかというとそれはない。自己ということがあるんだと私は思っています。ことというのが実在かどうかは考え方によって異なります」「行動様式を自己と言っているにすぎません」とおっしゃる言葉にはなるほどと納得しました。でも、だから子どもの頃の写真を見ると確実に自分と違う、行動様式などは全く違うと言われるのには、いや私は子どもの頃も自分でしたと慌てて主張したのでした。「カエルはオタマジャクシに対して免疫反応を起こしますよ」。それはそうかもしれないけれど……結局これは男と女の違いかもしれないというところに落ち着いたのです。それが本当かどうかは別にして、生身での話し合いの楽しさを味わった思い出です。

それからの先生の御活躍は、多くの方の御存知の通りです。『生命の意味論』をはじめとする思想書、「無明の弁」「望恨歌」などの能、数々のエッセイ、最近は詩集まで出されています。更にはＩＮＳＬＡの活動も精力的に進められました。それほど大きくはないあの体の中にどれだけのものが詰まっているのかしら、羨ましいを通り越してふしぎでした。まさに巨人です。まだまだたくさんのものが入っていたでしょうに、もう先生からそのまま伝えられることはありません。私には悪い癖があり、すばらしい方は遠くから仰ぎ見て近づくのをためらうのです。ＩＮＳＬＡには参加しましたし、著書や能を楽しませてはいただきましたが、積極的に先生を訪れることはしませんでした。せめてもう一度生命について語り合う機会をもつ努力をすればよかったと思いますが、これまでにいただいたものを少しでも深くまた広く育てていくだけでも大変です。「同じ方向のことを考えています」という言葉の持つ重みは、今も変わりません。

実は、科学、そして研究を取り巻く世界は、あれ以来、とくに今世紀に入って悪くなる一方です。予算は増え、外から見える世界は華やかさを増していますが、本質は彼方に去っていきます。自然を見つめ、文化としての知を深め、日常を考える。楽しく刺激的であるはずの研究はどこへ行くのか。巨人のいらっしゃらない中で、小人は考え続けますとお約束します。先生、すばらしいものを残して下さってありがとうございます。

（二〇一〇年四月二十一日に逝かれた多田富雄先生の追悼文）

夢好みの世界を追って

多田先生がいらっしゃらないことの私にとっての大きさを実感しています。直接お目にかかることはそれほど多くはありませんでしたが、仕事の先行きを考える時にはいつも先生のお考えを参考にさせていただいてきました。ですから、いつかお話を伺えるという気持でいれば安心だったのです。

一九八〇年代後半から九〇年代初めにかけて、生物研究が新しい考え方を要求するようになりました。二十世紀半ばのＤＮＡの二重らせん構造の発見以来、急速な進歩をした生物研究は、医学と結びつき、科学を基本に人間について考えるという流れが生れていたのです。

その中で、多田先生の『免疫の意味論』からは、とくに多くを学びました。自己と非自己を区別する免疫システムを解明する中で、生命をスーパーシステムと捉え、その基本に「自己生成」を置かれたのです。私は同じ頃、ＤＮＡ研究の中で、ＤＮＡを遺伝子として理解し、そのはたらきで生命現象を解明しようとする考え方に疑問を持ち、ゲノムという総体を切り口として生命システムを見ようとしていました。それを『自己創出する生命――普遍と個の物語』にまとめたのです。一九九三年、多田先生の『免疫の意味論』が大佛次郎賞を受賞なさったのと同じ年、幸い私の本も毎日出版文化賞をいただきました。そこで、それを読んで下さった先生が、「どうも同じ方向を見ているようだ」とおっしゃり、話し合いの機会を持てたのです。

その一つが青土社の『イマーゴ』誌上での連載対談「ゲノムの見る夢」でした。多田先生が対談の最後に、「生きものは夢みたいなことをやって進化してきたのかもしれない」とおっしゃったのが忘れられません。実は、その連載の中で、科学哲学者の村上陽一郎さんが、物理学は「骨好み」で化学は「色好み」だと言った若者がいると話してくれました。物理は自然の中の骨ばかり見ているけれど、化学はそれに肉付けし、色や味などの感覚の世界を問題にするという意味です。いわゆる第一性質と第二性質について語っているのですが、科学は最終的にはすべてを第一性質に還元してその言葉で語ろうとする学問であるわけです。二十世紀の科学は生物までも第一性質の言葉で語れそうだということを示しました。それは確かに生命現象についての理解を進めはしましたが、最後までそれでよいのだろうかと悩み、自己創出を考えたのでした。そこへ、免疫もゲノムも夢みたいなことかもしれないと言われ、生物学は骨では語れない、色でも無理、そう「夢好み」なのだと思い、何とも言えない解放感に浸ったことを思い出します。「夢好み」などという言葉は、現実の科学の世界では通用しません。笑いとばされるだけです。でも多田先生との間では、広がりのある大切な言葉として語り合えたのです。

このように、科学という制約の中では話しにくい言葉が交わせる人間としての広さを持つ方でした。研究者にとって大切な性質は、人間を大切にすること、よく考えること、素直で自分に忠実であることだと思っているのですが、近年これが消えつつあるようで気になっています。多田先生が、恩師である石坂公成先生を語られる時、そして若い仲間たちと語る時、研究に対する厳しさと人間を見る暖かい眼が重なり合って魅力的です。研究者として受け継いでいきたい文化です。

実は先日、ＮＨＫアーカイブスで多田先生が主人公の「脳梗塞からの再生」という番組を見ながら、「多田富雄の残したもの」について語り合う場に参加しました。

そこで、若い人たちに向けて、「寛容で豊かな研究」をしようと呼びかけていらっしゃるのを見て、私の思いと同じだと思いました。最初にお会いした時に「同じ方向を見ている」と言って下さったのは、学問の内容を総合的にしようとしているという意味だけでなく、研究の進め方についても同じ気持ということだったのです。「寛容で豊かな研究」の意味をはっきりさせるために、その反対は「ギスギスして貧しい研究」だとおっしゃっています。残念ながら、最近の生物研究の世界はギスギスしていると思わざるを得ない状況になっており、悲しいことです。研究も社会の中の活動ですから、社会がギスギスして貧しくなっているからなのではないかと思います。日本の医療がリハビリ支援に厳しい規制をかけたことを怒る先生の姿に、生命について深く考える研究への姿勢との重なりを感じました。

また、「苦しさを乗り越えた原動力は何か」という質問に「運命を受け入れる力があった」と答えていらっしゃったのも印象に残りました。先生の御苦労に比べたら物の数にも入らない小さな悩みですが、生きていると辛いことがあります。それを受け入れるには、受け身で辛さを耐え忍ぶというのではなく、積極的に複雑さに耐えていく覚悟をしなければなりません。そのためには力が必要です。とても難しいけれど耐えて、考え続け、何かを探ること……急ぐ必要はないのです。それが生きるということ、多田先生は「生きることとは創造」ともおっしゃっています。発話が難しくなられたので言葉を失ったと言われますが、言葉のもつ基本機能である「考える」という作業は、より深く、より鋭くなられました。言葉を失ってなどいません。言葉を大切にして、権威やお金や流行に振り回されずに自身が最も重要と思うことを深く考えるという姿勢を忘れないようにという先生の声が聞こえます。これからも「同じ方向」を見続けて行きます。次々と生れてくる問いを問い続けながら。

（二〇一〇年四月二十一日に逝かれた多田富雄先生を偲ぶ文）

思いきり個人的な柴谷論

柴谷篤弘先生と言えば反射的に思い出すのは、メモ差し出しのエピソードだ。一九四五年八月十五日は、もちろん太平洋戦争敗戦の日だが、日本の研究者にとっては英米の情報解禁の日だった。そこで、東大図書館（研究者の中ではアメリカンセンターと言われているが、柴谷先生のご著書にはこう書かれている）に届いた新しい論文を読みながら一人の物理化学者が「二六〇〇オングストローム」とつぶやいた。近くにいた生物学者がこれに敏感に反応し、「私も同じ物質に強い関心を寄せています。後で話しましょう」というメモをそっと差し出したというのである。つぶやいたのが渡辺格、メモを書いたのが柴谷篤弘。もちろん二人が注目したのは核酸である。二六〇〇オングストローム（現在は二六〇ｎｍと言う）は核酸特有の紫外線吸収波長である。この出会いが戦後日本の生物学の夜明けだったと言ってもよいだろう。その後渡辺・柴谷は名古屋大学の生化学教室の江上不二夫、発生生物学研究室の大沢省三らと共に医学を含むさまざまな科学の中で新しい学問を求めていた人たちを誘って「核酸研究会」を創設した。一九四九年である。敗戦後の混乱を考えると素早い立ち上げだ。

個人的な思い出を書かせていただくと、縁あって私は、渡辺・江上・大沢の三先生には一つ屋根の下で教えをいただき、その謦咳に接する幸運に恵まれた。柴谷先生はそれがなかったのだが、少し違った形で最後まで教えをいただいたという意味では私の基本を支えて下さった存在である。

私が渡辺研究室に入ったのが一九五九年、「核酸研究会」設立から十年たっていた。実は私より三年早く同じ研究室に入った松原謙一さんは、「渡辺・柴谷・大沢の三先生がよく議論をしていた。これまでの記述的生物学でなく、普遍性を求める科学が必要だ。それには何をすればよいかを熱心に語っていた」とおっしゃる。残念ながら私の時にはその時代は過ぎてしまっていた。渡辺先生がデルブリュックに手紙を出して大腸菌とファージを譲り受け、その後バークレーへ留学なさって得た情報を基本に具体的な研究が進められていたのである。しかし、「核酸研究会」が開催する「核酸シンポジウム」の、年齢や地位に捉われず皆で新しいものを創っていこうとしていた雰囲気は忘れられない。その頃柴谷先生は阪大から山口医科大学へと移られていたので、物理的距離が心理的距離にもなってしまったところがあるのはちょっと残念だ（新幹線もなかった当時の山口は遠かった）。

このようにして始まった分子生物学だが、一九六八年には早くも渡辺先生が「分子生物学は終わった」と発言され物議をかもした。米国から入ってきた新しい学問に興奮し遮二無二突き進んだ時期が終わったこと、ジャコブ・モノーの調節の仕事などで基本は解けたという感覚があったことは確かである。学問にはこのような時がある。ある種の停滞感、物憂さである。日本をよく訪れていたG・ステントが『進歩の終焉――来るべき黄金時代』を著したことでもそれがわかる。柴谷先生も、ステントと「もうやることがなくなった」と話したと言っておられる。

一九七〇年代はこのような物憂さの中で始まったのである。しかも社会は、当時の言葉を用いるなら公害が問題となり、石油ショックもあった。戦後一直線で進んできた科学技術・経済にも負の面が見えてきたわけだ。一九七三年、柴谷篤弘著『反科学論』が世に出る。ここから一般的には特異な存在としての柴谷が浮かび上がるのだが、ここで述べられていること（今の科学に欠けていること、科学者という専門家の問題などなど）は決して特異ではない。敗戦後、新しい生物学を求める知性と感性を持っていた人が抱いた、ここで何か新しいものを求めなければならないという共通の気持の一つの表現だったのである。

一九七一年、江上先生は「生命科学」という新しい概念を出し、「三菱化成生命科学研究所」を創設している。ここでは、分子・細胞・発生・脳・地球（環境）・社会までを含めた総合的な学問が提案された。細分化した専門分野の中で分析を進めていけば生命がわかるという時代は終わったこと、生きものの中には人間も入るのであり環境・社会などを視野に入れた生命研究が不可欠なことを意識しての提案である。研究者が専門に閉じこもらず、社会の一員として考え行動する必要性も説いている。ご一緒した九州出張の車中で、「水俣病は海を物理的に見て水で水銀を薄めると考えた。そこに生きものがいて濃縮が起きるという発想に欠けていた。技術の基本に生物学の知識が不可欠だ」と話された時の熱っぽさを思い出す。この視点は柴谷先生の『反科学論』の内容と重なっているが、それを「生命科学研究所」として具体化したことが重要である。しかもそれを民間、とくに三菱という資本の下で進めた決断は、当時の時代を考えると驚くべきことだ。具体的な研究を進めるには、総合をめざしながらもまず分析を積み上げることが必要であり、『反科学論』のもつ勇ましさには欠けることになるのはしかたがない。もちろん柴谷先生はそこは理解し、この活動を高く評価していた。

その研究所の中で、環境・社会を意識しながら新しい生物学を考える役割を与えられ、文字通りの暗中模索となった私は、江上先生から欧米の研究の現状を見てくるように言われ、その一つとして英国サセックス大学を訪れた。一九七二年である。当時イデオロギーとしては左寄りの雑誌「New Scientist」で活躍する研究者がおり、いわゆるＳＴＳ（科学・技術・社会）の議論が活発に行なわれていた場である。そこでの小さな会議に出席したら、なんと柴谷先生がいらっしゃった。オーストラリアを拠点に世界中のその種の活動に参加していらしたのである。『反科学論』はこのような議論を踏まえて書かれたものなのである。以来、精力的に書かれる論文を次々送って下さることになった。一方、私の書くものはお送りしないのにすべて読んで感想を送って下さる。日本にいる仲間でさえ気づかないような場に書いたものまで感想が来るので、オーストラリアにいらしてどうやって見つけるのですかと問うたほどだ。その問いには笑って答えられなかったが、あらゆる文献に眼を通しているとしか思えない。お化けみたいな方だ。当時送られたものを読みながら感じたことは、柴谷先生の根っこにはやはり図書館での出会いの時に見せた新しい知への情熱、その始まりとしての分子生物学へのこだわりがあるということだ。

渡辺先生は、一九七六年『人間の終焉』を著した。もちろんこれはＧ・ステントの『進歩の終焉』を意識してのことである。その一方で核酸研究会から続いてきた同志の集まりを卒業し、「分子生物学会」を創る必要があると思われて一九七八年にそれを創設、初代会長になっている。自ら「終わった」と言った学問の学会をつくるという矛盾を抱えながら、次世代の中心となる人たちとの熱心な議論を重ねた上での選択である。表面的に見たら柴谷先生とは大いに違うが、これもまた図書館での出会いの時の気持のまま行なわれたことなのである。今思うと、最も悩まれたのは渡辺先生だったのだと思う。柴谷先生が一九八一年に書かれた「Molecular biology: a paradox, illusion and myth」(Trends in Biochemical Sciences) も話はステントから始まっている。このように、真面目な分子生物学者であればあるほど物憂さで始まった七〇年代だったが、思いがけずDNA組み換えと塩基配列解析が開発されたことにより、思考でなく技術によって新展開をすることになった。物憂さはふっとんだが、その後の展開に多くの問題があることはよく知られているところである。STSのように外から批判するのでなく内から考えたい。ステントがこの生物学は分子という名前がついているがそれを扱うことよりも考え方に特徴があり (thought-collective)、ここでまた次の段階に入らなければいけないと言っているのだが、柴谷先生もその気持を共有して次のように語っているのが興味深い。

「生命・人間・自然・社会という課題を真剣に考えると分子生物学を根に置くことになる。しかしそこには学問としても、それを進める科学者集団のありようとしても課題が多い。そこから一皮むけて新しい知を生み出さなければならない。分子生物学からは明らかに新しい知へ向けての芽が出ているので、それをつかまえて、生命や人間の理解により近づいた知を創ろう」。これが二十世紀後半から二十一世紀へかけての生物学の状況であり、新しい方向を求めてさまざまな人が考え、新しい試みをしたのである。柴谷・江上・渡辺と並べて考えてきたことを奇異に思われる方も多いだろう。分子生物学をよく知っている人ほど奇異に思われるに違いない。事実柴谷先生は、『人間の終焉』を書きながら分子生物学から離れられない渡辺先生を批判している。しかし、批判的な書き方をしながらも、柴谷先生の文のほとんどが分子生物学を意識しており、これを離れてはいないと私には思える。たまたま三人の方すべてを先生としてきた者としては、核酸から出発した半世紀、生命について深く考えた三人の方たちの共通点を強く感じるのである。もちろんその性格や表現型はまったく違うし、いくらでも違いをあげられるが、ここは分子生物学に似せて、まず単純に基本を捉えるなら共通点が見えてくる。そしてそこから一段進むにはどうしたらよいかと考えるのが次の世代がすべきことだという気持になる。

その上で、柴谷先生の構造主義生物学には触れておかなければならない。一九八五年の『構造主義生物学原論』以来、この構築に情熱を向けられたのは衆知のところである。これについては恐らく多くの方が語られると思うので、この時代の個人的やりとりだけを綴ることにしたい。一九八五年はちょうど私が「生命誌研究館」を考え、準備を始めていた頃である。これまで述べたように、素朴な問いを大切にする雰囲気の中で育った者として、あまりにもそこから離れ、政治・経済に振り回されることになった生命科学の中での暮らしが息苦しくなってきたのである。館長には、この方しかないと思った岡田節人先生（日本の発生生物学に分子生物学を取り入れた）、顧問に大沢省三先生をお願いして始めたこの活動を柴谷先生は応援して下さった。この三人は「分子生物虫の会」の有力メンバーであり、外から見える違いとは裏腹に、少年のようなところで通じ合う様子が興味深かった。大沢先生を中心に生命誌研究館で行なったオサムシの研究は、分類・系統・進化という生物学の基本と同時に、地球の動きと生物、専門家とアマチュアなど柴谷先生の問題提起に具体的に答える成果をあげたと言える。この活動の本質を最もよく理解して下さった一人が柴谷先生であったと思っている。たとえば、研究館（Research Hall）について、「Institute も Laboratory も Museum も用いずに Hall としたことで、知を含めたすべてに開いたものでありたいという意識が出ている」と書いて下さった。その通りだ。もちろん、柴谷先生のことである。研究にも運営にも必ずここが不足だという注文がついてはいたが、同じ方向を向いていると認めて下さっていた。

先生は、御自身が編集委員の一人である「Rivista di Biologia-Biology Forum」（主流の進化論に疑問を投げかける論文が多い）の一九九三年の号に「Stability of arbitrary structures Its implications for heredity and evolution Part 1」を発表し、その後、「PERSPECTIVE FROM OOSAKA（=OSAKA）」という欄に、「OSAKA GROUP for the Study of Dynamic Structures,

News & Views」を書かれている。この冊子は構造主義生物学のグループの報告であり、グループそのものの具体をよくは知らないのだが、柴谷先生は、大阪には既存の生物学の流れに疑問を呈する研究があるのが面白いとおっしゃり、阪大の四方哲也グループと生命誌研究館（ＢＲＨ）とを一九九七年から一九九八年にかけて紹介して下さった。ＢＲＨには puritanical attitude が見られるとあるのはどういう意味かなと思ったりもしながら、適確な紹介に感謝した。私は、具体的な研究を見ながら事実の積み重ねの中で考えていくことしかできないので構造主義生物学とは言わないが、ゲノムを基本にし、発生・進化・生態系を意識しながら個体を見ていくと、そこにある種の構造があることを意識せざるを得ないのは当然である。とくに発生には完全な randomness はあり得ないわけで、構造を考えながら研究を進めている。具体的な構造とは何かはまだわからないけれど、現在得られているデータから何かを探りたいと考えている。柴谷先生も大沢先生に対して先の雑誌に論文を書くよう依頼し、そこでオサムシ研究の中に自分の考えに通じるものがあると言われた。もちろんいつも、私はすでに構造主義として先に進んでいますからあなたたちもしっかりしなさいというメッセージを出されることは忘れなかったが。でも、"So far I have been unsuccessful in devising a method to express this discreteness of possible ensembles of DNA as a logically viable genome" とも書いている。生命現象の中にある構造、または文法をこれから探さなければならないのは確かである。それには、分子生物学の技術が必要であり、分子生物学に対する批判を持ちながらそれを捨てずに新しい知へと進んでいくしかない。

ここまで来てもやはり私の中での柴谷先生は、渡辺・江上・大沢先生と一緒に核酸研究を始められた柴谷先生であり、いつか必ずこの流れの中から複雑さに向き合い、ダイナミズムを組み込んだ生物研究への飛躍があると考え続けていらした方だと思っている。残念ながら柴谷先生は unsuccessful とおっしゃって亡くなられてしまった。私も新しい飛躍に巡り会いたいと思って考え続けながらも、私の能力では大きな飛躍は難しいだろうなと思っているけれど、若い人に期待できる状況までは来ていると思う。それにしても、柴谷先生が私に接して下さったような形でもっと積極的に生命科学研究の中にいる次世代、次々世代に知的刺激を与えていて下さったらよかったのにと思う。ここでシャルガフを思い出す。大きな知の人でありながら、その仕事を適切に評価されなかったことから気持を閉じてしまい、ある時から自身の中にある大きな知を仲間と分かち合うことを止めてしまったのである。柴谷先生にもそのようなところが見られた。あれこれ言うのは止めよう。とても大きな知の人であると同時に本当に優しい方だった。

第3部　生活と視点

爽やかな風が吹くとき

爽やかという形容詞が最もふさわしい四月末から五月初めにかけてに連休がとれるのはうれしい。私の場合、日頃外での仕事に明け暮れているので、冬物の洗濯、書棚の整理、庭の手入れなどで終わるのが常だが、今年は天候にも恵まれ、のんびりした気分でのよい息抜きになった。

のんびり気分の延長で音楽会と展覧会に出かけた電車の中では、小さな子どもたちの笑顔に出会えた。大人たちも通勤電車とはまったく違う表情を見せている。

というわけで、この季節の連休はありがたいのだが、それぞれの休日の意味も考えなければならない。昭和の日に始まり、憲法記念日、みどりの日、こどもの日と並べてみると、とくに今年は気を引き締めて真剣に考えなければならない問題が集約されていることに気づく。

五月五日の中日新聞一面の「平和の俳句」は、十歳の児玉羽琉くんの作品「未来はねいろいろあるよ　けわしいね」だった。平和というテーマを与えられて「未来は大変なことがありそうだぞ。しっかりしなくては」と思った十歳。おそらく数年前だったらこういう句にはならなかったのではないだろうか。

実は、太平洋戦争の敗戦の年の私がちょうど十歳だった。当時は数え年だったので今なら九歳だが、その時の経験で今も忘れられないのは、教科書の墨塗りである。戦時中は、いつ爆弾が落ちてくるかわからない毎日なので、いつでも逃げられるように、枕元にきちんと畳んだ洋服と教科書の入ったランドセルを置いて寝るのが習慣だった。

とにかく小学生にとって最も大事なのは教科書、他に何を持たなくとも教科書を持ち出しなさいと教えられていた。その教科書を机の上に広げ、先生の指示に従ってダメなところを墨で消すこと。戦後に私がやった最初の作業はこれだった。国語、歴史などはほとんど真っ黒で、残された文の方が少ない。最も大切と言われていたものをすべて無意味と教えられるのだから混乱する。大切なことは何なのか。自分で考えるほかなかった。まさに「未来はね　いろいろあるよ　けわしいね」である。

幸い、大切なことを考えるときの基本である「日本国憲法」が、一九四六年十一月三日に公布され、翌年の五月三日に施行された。正直、小学生には人権や民主主義の真の意味が理解できたとはいえないが、もう二度と戦争はしないことを宣言していることはよく分かり、これぞ大切なことだと思ったのである。

今大人になってみると、子どもこそ未来である。もちろん、どんな社会であろうと「けわしさ」はあり、それを乗り越え、本当の意味での豊かな社会を自分たちで切り開いていってほしいと願う。

しかし、今大人として戦争をなくす努力だけは子どもたちのために最低限しなければならないと思っている。どんな境遇に生れるかは子どもには選べない。世の中には不条理なことがたくさんあり、それはしかたがないところもある。ただそこに戦争が入るのは、あまりに不条理過ぎる。今も世界のさまざまな場所で、テロや内戦などによる戦火の中に子どもたちがいることを考えると、いたたまれない気持になる。

昭和、憲法、みどり、こどもと続く祝日は、昭和に暮らした私たちの体験を生かし、地球上の子どもたちに戦いのない社会を渡す決心をする時である。爽やかな風はそれを応援するために吹いているのである。

賢治に学ぶ「本当のかしこさ」

生きものを見つめながら生き方を考えるという仕事の中で、十年ほど前から宮沢賢治が気になり出した。詩や童話の中に、自然を感じとってその物語を読み解く力を見たからである。それは賢治という個人と東北という場とが重なり合った結果だろうと思わせる。東日本大震災後、賢治を読み直し、それを通して東北地方や日本のこれからについて考えている。

取り上げたい作品はたくさんあるが、「虔十《けんじゅう》公園林」にしよう。虔十は発達障害のある少年だが、家族全員からかわいがられ、家の手伝いをして過している。ある時、それまで一度も自分から何かを求めたことのない虔十が「杉苗七百本買って呉《け》ろ」と言う。杉を植えても育つような土地ではないと言っても、この時ばかりは聞かない。杉が伸びて隣人が陰になるから伐《き》れと求めても、本来従順な虔十が拒否する。そんな虔十がチフスで亡くなって二十年。村の田畑は潰されて家が建ち、町になっていく中で、杉林だけは立派に育っている。

この杉林で遊んだ子どもの一人が、アメリカで大学教授になり戻ってきて、この杉林を「虔十公園林」として残すことにする。今もそこで遊ぶ子どもの中に「私や私の昔の友達がいないだろうか」と言って。この話は、「全くたれがかしこくたれが賢くないかはわかりません」「全く全くこの公園林の杉の黒い立派な緑、さはやかな匂《にほい》、夏のすずしい陰、日光色の芝生がこれから何千人の人たちに本当のさいはひが何だかを教へるか数へられませんでした」と終わる。

この小さな物語から多くが読み取れる。虔十は発達障害があるが、家族にとてもかわいがられている。自分の力に応じて家の手伝いをし、地域の人たちにも存在を認められ、幸せに暮らしている。ある日杉の苗を植えようと思ったのがなぜかはわからないが、恐らく自然に近い存在として、遠い先に皆の楽しみの場になる杉林を今作ることが大事だと感じとったのだろう。本当の賢さとは何かを賢治は問うているのである。

生きものを見ていると、アリはアリ、チョウはチョウですばらしいと思う。一つの物差しで優劣をつけることなどできないのだ。人間についても同じことだ。結局、さまざまな能力を合わせた全体としては皆同じということではないだろうか。

その全体を発揮できるよう支えるのが家族であり、地域なのである。西暦二〇〇〇年を挟んでの二十年は、一つの物差しをあてての競争社会をつくり、格差を生むことをよしとして、地域や家族の絆を壊してきた。その結果、今では社会全体が壊れた状態になっている。ここには「本当のかしこさ」や「本当のさいはひ」は感じられない。

東日本大震災から数年が経つのに、政府をはじめとする中央の動きが鈍いのはまさにそのためである。被災者は、日々つらい生活を送らなければならないだけでなく、先が見えないことに不安と苛立ちを感じているに違いない。そんな中、政権争いの茶番劇で時を過している人々に虔十のかしこさを学んでほしい。被災地には、自然と向き合い、今必要なことを感じとる本当のかしこさを持つ人が多いと感じる。中央は、それを生かす方策を一日も早く出し、動きを引き出してほしい。

自然の物語りを聞く

「生きているってどういうことだろう」という誰もが心の中に持ちながら、あまりにも捉えどころがないために脇に置いていることの問いを考え続ける場として「生命誌研究館」を立ち上げたのが一九九三年。その二十年目にあたり舞台作品を作ろうと考えた。五年目には「生命誌版ピーターと狼」、十年目には「朗読ミュージカル　いのち愛づる姫」と節目毎に、その時の思いを作品にしてきた。

「ピーターと狼」ではピーターを時間の坊や、狼を恐竜に見立てて生きものの歴史を描き、ミュージカルでは、「蟲《むし》愛づる姫」とバクテリアやミドリムシとの語り合いを綴った。そして、今回、すぐに浮かんだのが「セロ弾きのゴーシュ」だった。

初めて「セロ弾きのゴーシュ」を読んだのがいつだったかは覚えていない。オーケストラでセロが上手に弾けず怒られてばかりいるゴーシュに同情し、森の中でカッコウやタヌキなどの動物に助けられて、最後には腕が上がるのを読んで安堵した、そんな読み方だったと思う。大人になってから舞台でこの作品を見て、カッコウとのやりとりが思いのほかおかしいことに気づいたが、そのときは読み直そうとまでは思わなかった。

変わったのは、二〇一一年三月十一日だった。つい先ほどまで美しい恵みの場と思っていた海が荒れ狂う恐ろしさ、その奥にある理不尽さに呆然とするほかなかった。しかも原子力発電所という科学技術社会を象徴する施設が事故を起こし、放射能汚染という事実に向き合わされたのだから、科学の中で過してきた者には辛い体験だった。

それまでは、科学者は役立つことを第一に考えなくてよい、だから名誉や高給とは縁がないのだ、という夏目漱石の言葉をそのまま受け止め、片隅で生きることを楽しんでいたのだが、この時ばかりは考え込まざるを得なかった。しかし、すぐ役立つ技は何も持っていない。この時ほど役立たずである現実が身に沁みたことはない。かなり深く落ち込んだ後、私はやはり、大地震の体験を踏まえて「生きている」を考えるほかないのだと思い直した。居直ったというのがあたっているかもしれない。

その時、なぜか宮沢賢治を読もうという気持になった。自然、生命、人間、科学、科学技術という言葉と東北地方とが重なってのことだと思う。

その中で読んだ「セロ弾きのゴーシュ」。そこでとても気になったのが、町の活動写真館での失敗に落ち込んだゴーシュが、疲れて水車小屋に帰り着くと、必ず水をごくごく飲むということだった。

　これまでは見過していたことだ。水を飲んだ後にセロを弾き始めると、猫やかっこうや狸や野ねずみがやってくる。活動写真館は、近代化された乾いた社会であり、そこでの人間関係はゴーシュにとってはかなりきついものとして描かれている。疲れ切った体に水を飲むのは、それとは違う、湿った世界に入っていく儀式なのだと思えた。

　もちろん湿った世界、つまり自然界も決して楽な場ではない。音の暴力性を指摘する猫と格闘しなければならないし、かっこうに自然の音階を示されながら噛み合わない。結局かっこうは、ゴーシュが打ち破った窓のガラスの間から飛び去っていってしまう。「いやになっちまうなあ」と嘆きたくなることばかりである。

　しかし、そこにはいのちの音楽がある。ゴーシュは特段意識することのないままそれを身につけていくと同時に優しくなり、子狸や野ねずみの親子とのやりとりの中で、上手に生きられそうな気持になってゆく。

　そして六日目の晩、ゴーシュの音は、金星音楽団の仲間はもちろん聴衆をも引きこみ、アンコールの声がかかる。湿った世界の音が、乾いた世界を動かした。三・一一を思い出しながらそう思った。それは、美しい音であるだけでなく、自然の中の物語りを語る音だったに違いない。
でもゴーシュはそれを意識しているようには見えない。アンコールを弾くようにと舞台に押し出されても、何が何やら分からず「印度の虎狩をひいてやるから」と猫に対する時のように勢いよく弾いてゆく。けれども、それは皆に「よかったぜ」と言わせる音だった。この物語りは、その晩遅くゴーシュが自分の家に帰ってきたところを描きだす次の一節で終わる。

そしてまた水をがぶがぶ呑みました。それから窓をあけていつかくゎくこうの飛んで行ったと思った遠くのそらをながめながら「あゝくゎくこう。あのときはすまなかったなあ。おれは怒ったんぢゃなかったんだ。」と云ひました。

幸い、「生命誌版セロ弾きのゴーシュ」は、観客の多くが砂と多様な色の水とによって表わした乾き切った世界と湿った世界の対比を感じとって下さり、「よかった」との声が集まった。
賢治を愛読しているだけで、研究家ではないのだから、賢治の解読などという大それたことはできない。ただ、三・一一の体験で自然と向き合って生きることの大切さに気づいたと思った人々が、二年もたたないうちにそれを忘れている、いや忘れようとしていることがやるせない。ゴーシュの舞台を創りながら、それだけを思い続けてきた。

原発事故による放射能汚染水の流出は「アンダー・コントロール」であると国際社会に向けて嘘をつき、東京でのオリンピック開催をきめた人々にいのちの音を届けたいけれど、多分それは彼らが大規模ビルを建てる音にかき消されてしまうだろうなと思っている。

賢治の物語りの基本は、生前唯一出版された『注文の多い料理店』の序に尽きる。大切と思う部分を拾っていったら、結局捨てるところがなく、長い引用になるがしかたない。

わたしたちは、氷砂糖をほしいくらゐもたないでも、きれいにすきとほつた風をたべ、桃いろのうつくしい朝の日光をのむことができます。

またわたくしは、はたけや森の中で、ひどいぼろぼろのきものが、いちばんすばらしいびろうどや羅紗や、宝石いりのきものに、かはつてゐるのをたびたび見ました。

わたくしは、さういふきれいなたべものやきものをすきです。

これらのわたくしのおはなしは、みんな林や野はらや鉄道線路やらで、虹や月あかりからもらつてきたのです。

ほんたうに、かしはばやしの青い夕方を、ひとりで通りかかつたり、十一月の山の風のなかに、ふるへながら立つたりしますと、もうどうしてもこんな気がしてしかたないのです。ほんたうにもう、どうしてもこんなことがあるやうでしかたないといふことを、わたくしはそのとほり書いたまでです。

ですから、これらのなかには、あなたのためになるところもあるでせうし、ただそれつきりのところもあるでせうが、わたくしには、そのみわけがよくつきません。なんのことだか、わけのわからないところもあるでせうが、そんなところは、わたくしにもまた、わけがわからないのです。

けれども、わたくしは、これらのちいさなものがたりの幾きれかが、おしまひ、あなたのすきとほつたほんたうのたべものになることを、どんなにねがふかわかりません。

今思うことが過不足なく書かれている。「わたくしのおはなしは、みんな林や野はらや鉄道線路やらで、虹や月あかりからもらつてきたのです」、ここに鉄道が入っているのが賢治だ。「すきとほつた」風や朝の日光の中に線路が続き、汽車が走るのが賢治の世界だと思う。賢治は新しいものに憧れ、欧米から入ってきた科学と科学技術が生活を豊かにし、「ほんたうのしあはせ」をもたらすことを期待する。だが、それはいつも少しずつずれてしまう。

冷害などで苦労している農民を思い、賢治が、肥料の研究をしていたことはよく知られている。そこで生れたのが「植物医師　郷土喜劇」という作品だ。題名通り、登場人物全員が真面目な喜劇になっている。爾薩待正《にさったいただし》は植物医師として農民の相談を受ける。稲が枯れたという農民一に「立枯病ですな」と言って亜砒酸を売る。農民二にも、ああだこうだと言いながら亜砒酸、結局相談に来た六人全員に同じ薬を売りつける。もちろん効果はない。押しかけてきた農民たちに文句を言われ、医師はだんだんしおれていく。すると、農民一が「あんまりそう言うな。人間の医者だって治せない医者もいるじゃないか」と言い、農民三は「まあ運が悪いときはあきらめないとな。日照りがあったと思えばいいよ」と続ける。次の農民四にいたっては、「みんなで同じ陸稲を作っていたからいけないんだ。他のものも作っておけば治るものもあったんだよな。あっはっは」とまでいう。あんまりしおれるなよと逆にお医者さんを励まして帰っていく農民。この姿に東日本大震災の時の農家の方たちが重なった。

農民たちは、稲がうまく育たないからしかたがないと初めから諦めるのではなく、新しい技術での改善を求める。でも、思うような成果を出す技術がすぐ手に入るというものではないことがわかると、それにみごとに対応する。これが本当の意味での人間らしい生き方だ。農民たちは「他のものも作っておけばよかった」という生きものの本質をついた答を示す。今話題の多様性であり、これこそ現代技術が生きものから学ばなければならないことである。技術への批判だけでなく、行くべき方向を示す農民の中にこそ先進性が見える。

原子力発電所の事故後にもとめられているのはこうした視座ではないだろうか。エネルギーも多様が大事であり、自然の活用のためには、私たちの暮らし方そのものが多様にならなければ答は見えて来ない。賢治は農民たちとつき合う中で、自然と向き合っている彼らの知恵の深さとそれに支えられた暮らしぶりに学んだ。冷害などに悩む人々に手を貸したい、それには科学の力を生かそうと思う一方で、自然や農民の力の方が大きいこともわかっていたのだった。

ＤＮＡや細胞を研究する中で、その魅力は何にも勝ると思う一方、調べれば調べるほどわからないことがふえ、わけがわからなくなってくる。とくに近年は、機械の発達で分析データが日々大量に溜まっていき、私の脳細胞では処理しきれないものが眼の前に積み上がっていくので、その感は一層強くなってゆく。ある意味では賢治以上に悩みは深い。

「なんのことだか、わけのわからないところもあるでせうが、そんなところは、わたくしにもまた、わけがわからないのです」という賢治と同じ気持だが、だからと言って、日々の仕事を放り出す気持はない。すぐに役立つということにこだわらず、しかし科学のもつ役割は否定せず、自然に向き合うことを忘れずにいれば、私にしか取り出せない物語りが見つけられるだろう。そう思いながら、いつか「あなたのすきとほつたほんたうのたべものになること」を願って科学研究の世界に身を置いている。

女性科学者の時代

　女性科学者と聞いて、ほとんどの人が思い浮かべるのはまずキュリー夫人ではないだろうか。実は、マリー・キュリーの十二歳下の丹下ウメは、日本女子大で日本初の家政学（自然・社会・人文科学の総合）を学んだ後、大学として初めて女子に門戸を開いた東北帝国大学理科大学（現東北大学理学部）に入学している。更に、スタンフォード大学、コロンビア大学の生物化学教室で学び「ステロール類の化合物について」という論文で博士号を取得した。帰国後は日本女子大の栄養学教授となり鈴木梅太郎博士と共にビタミンの研究をした。短く紹介するために、学歴を並べるだけになってしまったが、マリー・キュリーと同時代、日本にも女性科学者が育つ道はあり、それを着実に歩んで成果をあげた人がいたということは知られてよいことである。もちろん、何度も〝初〟と書いたように、当時この道を歩むのが容易でなかったのは確かだが、丹下と共に初の帝大生となった女性に黒田チカ（化学）、牧田らく（数学）がいる。彼女らの日常や業績の記録を読むと、その能力や研究への姿勢に男性との違いはない。〝女性は科学に向かない〟という思い込みはどこから来たのか。科学に向く人、向かない人があるだけだとは、近年着実に増えつつある女性科学者の気持だと思う。

もっとも、社会の価値観や制度、具体的には既得権を女性に渡したがらない男性の存在など、見えるような見えないような壁があることは事実であり、それを壊すことは不可欠だが、まず、理由もなしに広まっている女性は科学に向かないという気分を消すことだ。科学者に限らず女性の場合、職業と家庭の両立が問題になる。初期のすばらしい女性科学者たちの多くが独身だった。実は私が大学院に進学したいと話した時、父がポツンと「花嫁姿を見られないということかな」ともらしたのを思い出す。これもまた社会の気分だったのだろう。私の若い頃は、「妻であり、母であり、研究者である」という言い方をされ、「男性も夫であり、父であるのにそう言わないのはなぜ」と問うたのを思い出す。幸い、この気分はすでに変わっている。

研究館でも若い人たちが育児をしながら生き生きと仕事をしている。ここで感じるのは伴侶の協力が自然体で行なわれていることだ。女性が仕事を続ける中での難関はやはり育児。公私、さまざまな形でここを応援することが大事だ。

実は、一九三六年に「女流文学者会」が結成され、賞を出してきたが、二〇〇〇年には賞は終了、会そのものも二〇〇七年に幕を閉じた。最近の文学界を見れば納得する。一方、一九五八年に「日本婦人科学者の会」が生れ、九六年には婦人を女性に変更し今に続いている。文学と科学が違うとは思わないので、二十年ほど後にはこの会は消えているはずだと思っている。会の目的に、女性科学者の交流と地位向上の他に世界の平和への貢献とある。ここでは科学は科学、平和は平和としているが、これからの二十年、女性の特性を生かして、科学が自然そのものに向き合い、生命や平和を支える知になっているようにしたいものであり、またそうなっていなければ科学の発展はないと思う。女性科学者が、歴史に学びながら自らが流れを作っていくことを意識する時が来ている。

おかしな競争を生む社会

二〇一五年も最後になった。私のような世間に疎い人間でも十では収まらないほどの事件を思い浮かべることができるが、あえて小さなエピソードで終わりたい。

ラグビーである。岩手県釜石市が家人の仕事と関係があったこともあり、以前からラグビーは好きだった。楕円形の球を抱えてフィールドをかけ抜ける姿、皆でスクラムを組んで球を押し込む姿……詳細なルールはわからなくても男らしくて（こういう言葉はいけないらしいがここでは使いたい）応援したくなる。しかもなぜか応援の時に、行け！ などとんでもない言葉が飛び出してしまうのも楽しいのである。野球ではこうはいかない。

最近は、パスで巧みにつなぐプレーが多く、かけ抜ける場面が少ないと物足りなく思っていたら、先日七人制の女子ラグビーでみごとにかけ抜けてトライをした選手がいた。厳しいランニングで鍛えている成果だとのこと、女性の根性と粘り強さのあらわれだ。女らしくて応援したくなる。こんな話を続けていると肝心のエピソードまで行かないのでここでやめよう。

ワールドカップ・イングランド大会、南アフリカ戦の勝利については、あらためて語ることもなかろう。「ワールドカップ最高の瞬間」といわれる戦いをした選手はもちろん、そこへ導いたエディー・ジョーンズ前ヘッドコーチもすばらしい。実はこれは、ＮＨＫのラジオで為末大氏の話を聞いたものなのだが、エディーコーチが心がけたこととしてこんなことをあげていた。

身長・体重ともに決して大きいとはいえない日本選手が勝つには、スキル・テンポ・スピードを活用しなければならず、ゲームの流れを理解して動く訓練が大事だったというのである。スクラムから離れた後、また必要なところへ必要な形ですばやく参加する……一人一人の大きさではなく全体の力で相手を超えることを考えたというのである。

ここで思い出したのが、一九六四年の東京オリンピックでソ連（当時）との決勝戦に勝利し、金メダルを手にした女子バレーである。鬼といわれた大松博文監督が考案したのが、回転レシーブだった。同じ六人でも皆が必要なところへ必要な時に参加すれば、全体の力は増す。ラインギリギリに落ちる球を拾った後、クルリと回転して必要な位置へ動き、次の球を待つのだから隙がない。東洋の魔女と呼ばれ、ソ連選手の力技に勝ったわけだ。

実は、日本の組織はこのような形で高い能力を示してきたのではないだろうか。近年、選択と集中とかリーダーの育成とかいわれ、とび切り優れた人の力で社会が動くかのようにいわれる。そして、特別の地位や収入を求めての競争が激しい。しかしその結果、実は社会は劣化してはいないかという疑問が湧いてくる。

まさかと思う大手の企業が、驚くような不正をする。しかも、高い役職の人々が不正に関わっている例が少なくないのは、個人の問題を超えた問題があることを示している。そのとばっちりで厳しい状況に置かれる現場も、また不正をせざるを得なくなっている。本来仕事を愛する気持が強いはずの研究や生産の現場にも不正が入りこむ社会システムを望ましいとは思えない。おかしな競争と格差とを生む社会は、少なくとも日本人には向かないと思うのである。ラグビーもバレーもはんぱでない練習の日々と聞くので、皆の力を生かす社会は決して楽ではないだろうけれど。

時代をつくり続けるワトソンとＤＮＡ

二〇一二年のノーベル医学・生理学賞は、京都大学の山中伸弥教授に授与されました。受賞理由は、「成熟細胞が初期化され多能性をもつことの発見」です。受精卵は分裂を重ね、体全体を作れます。一方、腸細胞、皮膚細胞などはそれぞれの役割がきまっており、それ以外の細胞にはなれません。受精卵細胞から体細胞に変わる間に何が起きているのだろう。山中教授は、この間にはたらきを失った遺伝子を外から加えたら元に戻るのではないかと考えたのです。大胆な発想です。賭けです。多くの研究者の予想に反して、たった四つの遺伝子で皮膚細胞は万能性をとり戻しました。すばらしい。ノーベル賞受賞は時間の問題でした。

日本人によるこの賞の受賞は一九八七年の利根川進ＭＩＴ教授以来で、二人目です。利根川教授の受賞理由は、「多様な抗体を生成する遺伝的原理の解明」でした。体内へ侵入する外敵は一〇〇〇万種を超すと言われ、しかもいつ何が入ってくるかわかりません。その一つ一つに対応するのが免疫細胞です。遺伝子は二万数千個しかないのに、どうやって多様な外来因子に対応するのか。利根川教授の答は、遺伝子がさまざまに組み換えて多様性を出すというものでした。当時は、遺伝子は変わらないと信じられていたので、驚きでした。

利根川、山中両教授共「DNAのはたらき」を通して生きものの持つ柔軟性をみごとに示しました。つまり、人間をも含む生きものの研究は、今やDNA抜きでは語れないのです（これはDNAですべてがきまっているという話ではないことを念のためお断りします）。生きもののもつDNA（ゲノムと呼ぶ）は種に特異的です。たとえば、人間について知りたいと思えば、ヒトに特有な性質、ヒトへの進化の過程、病気や老いの原因など、さまざまな生命現象をゲノムを通して調べます。生物学、医学はもちろん、人類学、考古学、薬学、農学などなど、およそ生物の関わる学問すべてにDNAが入りこんでいます。

しかし、これが研究されるようになったのは最近です。一九五三年、米国人J・D・ワトソンと英国人F・クリックという二人の若者がその二重らせん構造を発見したことが端緒です。ある物質を知るには、その構造を知る必要がありますが、構造決定が二十世紀最大の発見とも言われる業績となり、科学のありようまで変えるとは意外なことでした。一つの論文で、まったく無名だった二十五歳（ワトソン）と三十七歳（クリック）の若者は、一躍有名になります。クリックは、「ワトソンとクリックがDNA構造をつくったのではなく、その構造がワトソンとクリックをつくった」とまで言っています。

ワトソンの著書『二重らせん』は、副題に「DNAの構造を発見した科学者の記録」とあるように、当事者が研究の経緯を率直に書いた興味深い本です。今では、科学者も普通の人間であり、成果の陰にさまざまな駆引きがあるのはあたりまえと受け止められるようになりました。しかし、当時は科学者と言えば偉人伝という時代でしたから、これはかなりの反響を呼びました。生存者の実名ドラマ、しかも正直ジムと言われる著者が思いをそのまま書いているのですから。科学者を人間として描くきっかけを作ったという点でも画期的な本です。

DNA二重らせんは、ATGCと表記される四種の塩基が、必ずAとT、GとCという対を作って並んでいるのが特徴です。ワトソンとクリックは論文に、「われわれが仮定した特異的塩基対は、ただちに遺伝物質の複製の仕方についての、ある可能な機構を示唆するものであることは、むろん、われわれ自身気づいているところである」と書きました。物質の構造の中に生命現象の基本が入っているのです。こういう姿を誰も考えてはいませんでした。ワトソンは「それはあまりにも美しい。おわかりでしょう、ほんとうに美しい」と言っています。単なる物質に過ぎないと思いながらこの美しさには参ります。私事ですが、大学三年生の時にこれを見てまず〝美しい〟と感じ、次に本当に体の中にこんなものがあるのだろうかと疑いました。級友と竹ヒゴと紙粘土で実際にその形を作ってみて納得し、それがこの世界に入るきっかけになりました。

実は、二重らせん構造からは遺伝情報の運ばれ方はまったくわかりません。クリックはその研究を着実に進め、次々と重要な成果を出した後、六十歳を機に脳研究へと移りました。二〇〇四年に亡くなるまで秀才研究者としての生活を続けたのです。一方ワトソンは、異なる道を歩みます。まずこの『二重らせん』を書いたこと、研究中からこれを書きたいと思い続けていたというのですからちょっと普通の研究者とは違います。これは、ベストセラー、ロングセラーになり、映画化までされたのですから大成功です。研究者としては、三十三歳でハーバード大学教授、四十歳でコールド・スプリング・ハーバー研究所（CSHL）の所長になります。大学と研究所で若者を育てることに力を注ぐのです。とくにCSHLでは、分子生物学の新しい方向を探るシンポジウムを開いて、がん、老化、脳などのテーマを出し、世界中の研究者に影響を与えました。一九六五年には『遺伝子の分子生物学』という名教科書をつくり、以来版を重ねて今や第六版、いまだに若者たちの分子生物学の勉強を支えています。しかも今後大事なのは細胞だと認識するや、一九八三年には

『細胞の分子生物学』というこれまた名教科書をつくります。とにかく、今を見て、先を見て、大事なことをやる能力にたけているのです。独自で優れたことを一つやったらさっと次へ、天才とはこういう人のためにある言葉だと思います。

ところで、ＤＮＡが個々の遺伝子としてではなくゲノムとして捉えられるようになり、その研究の中心となったヒトゲノムプロジェクトにも、ワトソンは引っ張り出されました。当初、大型プロジェクトは科学研究を歪める、三十億もの塩基配列解読には巨費がかかるなど反対も多かった中で始まったものです。よく知られているようにヒトゲノム解読は成功しましたが、途中に特許の問題などで揉め、ワトソンは責任者を辞任します。「人生で最低の時間だ。あれほど一生懸命やって、あれほどひどい扱いを受けて」と言った時のワトソンは六十四歳、さすがに少し年をとったかなと感じたのを覚えています。もっとも、個人のゲノム解読という課題が出た時、真っ先に名乗りをあげたのを見て、やはりワトソンはワトソンだと思い直しましたけれど。

今、ＤＮＡはよく知られていますし、研究といえば競争となりますから、ＤＮＡ構造決定を巡っても世界中で競争がくり広げられ、ワトソンたちはそれに勝ったのだと思っている方が多いようです。確かに『二重らせん』には、ケンブリッジにいるワトソンとクリックが抱いた、ロンドン大学のＭ・ウィルキンスやＲ・フランクリン、カリフォルニア工科大学のＬ・ポーリングへの競争意識があからさまに出ています。しかし、当時、科学界全体としては、ＤＮＡに関心を持つ人は少数派でしたし、ワトソンとクリックも研究所の地下室で手製のブリキモデルで考えているのであって、お金はほとんどかかっていません。まだ流行でない、更に言うなら自分たちで流行を作っていく研究を、小さなグループで進めるのが研究の醍醐味だとつくづく思います。近年、大型プロジェクトに大量の資金をつぎ込むのが研究とされている節がありますが、現時点で、一九五〇年代初めのＤＮＡ構造研究にあたる研究は何だろうと、小さな芽を探すことが大事です。

実は原書の副題は「ＤＮＡの構造発見についての個人的記録」となっていて、まさに個人としての研究者の存在があった時代の象徴がワトソンです。生物学――というより医学にとり込まれたＤＮＡ研究は、大型化の中でのデータ量産です。ここで、少数派、個性、小型について考えるのは、古きをなつかしむことではなく未来を見つめることだと思っています。

（Ｊ・ワトソン著『二重らせん――ＤＮＡの構造を発見した科学者の記録』の解説）

ニホンミツバチに学ぶ

日本に暮らす幸せの一つは、四季の変化があることだ。とくに好きなのは冬から初夏、具体的には二月半ばから五月へかけての時期である。

二月はまだまだ寒く、東京近辺はこの時期が一番雪が降りやすいのだけれど、通勤の車窓から見える土手が少しずつ薄緑になってくるのが嬉しい。同じ緑でも、夏の木立ちは時々息苦しくなるが、この時期の薄緑は心に優しい。その間に、タンポポだろうか黄色い花が見え始めると、コートのいらない日がふえてくるのだ。

実は、十五年ほど前からこの時期のワクワク気分にもう一つ楽しみが加わった。土と緑を求めて転居した東京・世田谷の家に、思いがけない先住民がいたのである。崖になっている庭の一隅に暮らすミツバチである。最初は、ハチは恐いものという先入観があって気になったが、実際に接してみると、周囲をブンブン飛びまわっていても、攻撃してくることもないので、巣の観察を始めた。帰ってくる時のハチは腰の両側に黄色やオレンジの花粉のお団子をつけている。でもなかには何もつけずに帰ってくるのもいて、ちょっと間抜けさんかな、それとも怠け者かしらと想像すると楽しい。

それにしても、ハチがこんなに優しいとはとふしぎになり、調べてみた。すると我が家にいたのは、養蜂されているセイヨウミツバチではなくニホンミツバチであることがわかった。そして、同じミツバチでもニホンとセイヨウでは性質が違うと書いてある。

ニホンミツバチは、まず体が小さい。性質は穏やかで、よほどのことがない限り刺すことはないとある。どんな花の蜜でも集める（百花蜜《ひゃっか》と呼ばれる）のだが、効率はあまりよくないのだそうだ。セイヨウミツバチはこの逆で、体は大きく攻撃的、蜜集めは特定の花に絞って効率よく行なうとあった。養蜂業にはこちらの方が向いているわけである。

これを知って、ふと考えた。小柄で、性質は穏やかで、どんなものにも関心を持ち、効率はよくないけれど着実に生きる。これって日本人の特徴そのものだ。それなのに、攻撃的になりなさい、効率よくやりなさいと言われて戸惑い、うまく生きられずにいるのではないだろうか。ニホンミツバチは、自分の生き方をそのままに暮らしているのに、なぜ人間はそれができないのだろう。

人もミツバチも同じ性質ということは、日本の自然との関わりを示唆しているに違いない。二十世紀は利便性を求めてガムシャラに生きてきたけれど、これからは自然との関わりの中で上手に生きることが求められている。その方がきっと楽しく、本当の意味の豊かさが得られるはずだと思う。

これから夏に向けて、毎日セッセと、でも楽しそうに飛びまわるハチと暮らしながら、日本人の生き方を考えてみたい。

ミミズを見て心について考える

専門外の人に知られている生物学者はいるだろうかと考えるとまず頭に浮かぶのがダーウィンである。と言っても多くの方は、『種の起源』という大著を著し、自然選択による進化論を唱えた人という大まかな認識に止《とど》まっているのではないだろうか。実はダーウィン、なんとも興味深い人であり、生物学の持つ広さと深さを具現化した人と言ってよい。したがって、生物学と他の学問との関わりを考えていると、ダーウィンに出会うことが少なくない。そこで精神病理・精神療法とのつながりも考えられるのではないか。そんなことを考え英国の精神療法家アダム・フィリップスの著書*DARWIN'S WORMS*（一九九九年）を入り口にダーウィンに眼を向けてみたいと思う。Darwin's worm はミミズである。後で詳述するが、ダーウィンはミミズという一見面白くもなさそうな存在に強い関心を示し、みごとな研究をしたのである。

実は、フィリップスの著書の日本語版のタイトルは『ダーウィンのミミズ、フロイトの悪夢』となっている。なぜ、ダーウィンとフロイトなのか。私にはまったくわからないというのが正直なところだったが、この二人の共通点は、神と自然と人間という三者の関係から神を追い出し、人間と自然との間に何物も介在させないことにしたことだと著者が教えてくれた。それまでは神にゆだねてきたことのすべてを自分で考えてみなければならなくなったのである。自然と向き合い、自分自身の本性（ネイチャー）も自然（ネイチャー）であることを基本にして、あらゆる問題を自分で考えなければならない面倒を引き受けることになったと言ってもよい。これが近代化である。その中で科学、更には科学技術が神を追い出す作業をしたのであり、ダーウィンとフロイトだけがそれに関わったのではない。しかし、この二人が大きな役割を果したことは確かだ。フロイトは、二人の前に地動説のコペルニクスを置き、これとダーウィンの進化論、自身の無意識の発見が三大科学革命であるとしている。

科学は、自然を知ることを求める。そして私たちは自然の中での人間の位置を理解してはじめて人生を理解できる。これが著者の考え方である。ダーウィンとフロイトは、人間に関して欠かせない真理が三つあると指摘する。一つは人間は動物であること、二つは人間は環境に十分に適応しなければならないこと（適応できなければ死ぬ）、三つは人間は最終的には死を免れられないということである。私にはダーウィンとフロイトをここまで読み込むことは難しいが、自然の中の人間について考えることの重要性は強く意識している。現代社会での科学は、科学技術として実用化されるための知識として位置づけられ、常にいかに役立つかが問われている。しかし、科学の本来の姿は、自然を知り、自然の中での人間の位置を知ることであることを忘れてはならない。したがってフィリップスの科学の位置づけには一〇〇%同意する。実は私がこの二十年取り組んできた生命誌は、生命科学を基本に置きながらこのような考え方をとり込んだ知である。

そこでこれ以降は、ダーウィンのミミズに対する強い関心を紹介しながらこのテーマを考えて行くことにするが、その前に「フロイトの悪夢」の意味を述べておかなければならない。生涯ダーウィンがミミズにこだわったのは、科学者としての関心からであったが、彼自身長い間体調不良に悩んでいたことから弱い者への思いもあったのではないかとされる。一方フロイトは、自分の伝記を書かれたくないというこだわりがあった。自分の人生は自分のものであり他人に勝手に語られたくない、そんなことを考えるのは悪夢だと言ったというのである。このようなフロイトの自分自身へのこだわりが、ダーウィンのミミズへのこだわりに通じるというのが著者の見方である。そして、この二人の自分自身や自然との関わりが、死と生に関して悩み生きる意味を見出していくことにつながっているというのである。フロイトをよく知らない私には、フロイトのこだわりやそれをダーウィンのものと並べることとの是非を判断する能力はないので、フロイトについては精神病理・精神療法の専門家におまかせすることにしたい。一方、ダーウィンのミミズへのこだわりは、その人生を考えるにあたって重要であると思うので、ここでは、ダーウィンのこだわりについて述べ、現代社会での自然と人間という課題を考えてみたい。

ダーウィンの最後の著書は『ミミズと土』、原題は「ミミズの行為による肥沃土の形成とミミズの習性の観察」である。ビーグル号での世界巡行から帰国した一八三六年、進化論へ向けての思考を始めようとしていたダーウィンは、ウェッジウッド家の叔父に興味深いことを知らされた。一八二七年に牧草地にまいてそのままにしておいた石灰が消えてしまったというのである。そこで翌年（一八三七年）穴を掘ってみたところ、地表から〇・五インチまでは芝生の根がからんでおり、その下二・五インチ（表面から三インチ）のところに石灰層があった。しかも、石灰の上は黒色の肥沃土、下は礫や粗い砂とはっきりした境が見えた。そのあたりにミミズの糞塊を見つけたダーウィンは、ミミズが土を作っていると考え、一年で約〇・二インチの土をつくるミミズの力について地質学会で発表した。もっともこの一例では、たかがミミズと思っている人々を説得することはできなかった。そこで、ダーウィンは実験をする。

一八四二年の十二月、家の近くの牧草地に石灰をまいた。一八七一年十一月の終わり、つまり二十九年後に溝を掘ったところ表面から七インチのところに石灰があったのである。この例でも一年で約〇・二二インチという値が出た。その他さまざまな場での観察、また大きな石や遺跡が沈んでいく様子などからも同じ結果が見えた。たとえば、近くの平原の厚さ七インチの石の沈む速度を測定し続けたところ、三十五年間で一・五インチ沈んだ。ダーウィンは、この速度で沈んでいけば二四七年後に見えなくなると言っている。それから一五〇年たった今、この石はどうなっているだろう。見てみたいものだ。自宅近くに石灰をまいた時のダーウィンは三十三歳、調べたのは六十二歳。なんとも息の長い話であるが、自然に向き合うとは、このような長い時間を自分のものとするということだとダーウィンにはわかっていたのである。そしてそこから確実に自然を知るというのが、ダーウィンの姿勢なのである。

たかがミミズとされてきたこの小さな生きものの力は、このようなダーウィンの努力により、学会でも認知され、世界中で追試されている。たとえば近年アメリカの農務省が、ミミズは一エーカーあたり一〇〇〇トンもの土を作っているという値を出している。

著書の最後にダーウィンはこう記している。「広い芝の生えた平地を見るとき、その美しさは平坦さからきているのだが、その平坦さは主として、すべてのでこぼこがミミズによって、ゆっくりと水平にさせられたのだということを想い起こさなければならない。このような広い面積の表面にある表土の全部が、ミミズのからだを数年ごとに通過し、またこれからもいずれ通過するというのは、考えてみれば驚くべきことである。鋤は人類が発明したもののなかで、最も古く、最も価値あるものの一つである。しかし実をいえば、人類が出現するはるか以前から、土地はミミズによってきちんと耕やされ、現在でも耕やされつづけているのだ」。そして、ミミズより更に下等な（ダーウィンの言葉）体制をもつサンゴがサンゴ礁をつくっていることを観察した航海中の体験を思い出し、多様な生きものたちが地球をつくっていることを再認識している。亡くなる前年に発表された『ミミズと土』に対して、大所高所から進化論を論じたダーウィンも、晩年はミミズなどというくだらない生きものにこだわる老人になってしまったという評も出されたようである。これがまったくの的はずれであることは明らかだ。このようなミミズへのこだわりこそ進化論を生む原点だったのであり、ここにこそダーウィンがいるのである。

ミミズをていねいに観察したダーウィンは、その興味深い行動に注目した。土をとり込んだミミズは養分を吸収した残りを糞として排出し、それを巣穴のまわりに積み上げる。そして、穴が乾燥してしまわないようにその入り口を葉っぱ、葉柄、羽毛、羊毛、小石などさまざまなものでふさぐ。ダーウィンが注目したのがこの穴ふさぎである。ここでもダーウィンは緻密な観察を続ける。まず、数ヵ所のミミズのトンネルから枯葉二二七枚を抜いてくる。このうちの一八一枚は葉の先の方から引き込まれていた。二十枚は葉の基部から、二十六枚は真ん中からだった。つまり八〇％は葉先から、九％は葉柄、一一％が真ん中からと言える。ここから葉の引き込まれ方は偶然ではないと考えたダーウィンは更に観察を続ける。その結果を図にまとめた（図3）。また、針のような葉が二つ根元でくっついている松葉はほとんどすべてが根元の方から引き込まれているのを見て、先はとがっていて痛いからかと考え葉先を切って実験するが、それでも根元から引き込んだ。

このような観察の積み重ねからダーウィンは、ミミズがどのようにして葉を識別しているかを見ていく。詳細は省略するが、まず考えられる「反射」は否定される。環境に応じて入れるものを変えていることでもそれはわかる。次いで形を選んでいるかという点も違うとわかる。つまりある「概念」を記憶しているのでもないことが確かめられた。もう一つ「試行錯誤」が考えられる。これを確かめるためにダーウィンは、紙で先の尖った三角形をつくり（三〇三枚）、そのほとんどが先端から引き込まれることを見たうえでその紙を調べた。先端以外の場所をくわえた跡は二〇％ほどしか見られなかった。

これらの検討の結果、ダーウィンの出した結論は、ミミズに知能があるという大胆なものであった。「ミミズは体制こそ下等であるけれども、ある程度の知能を持っているとい

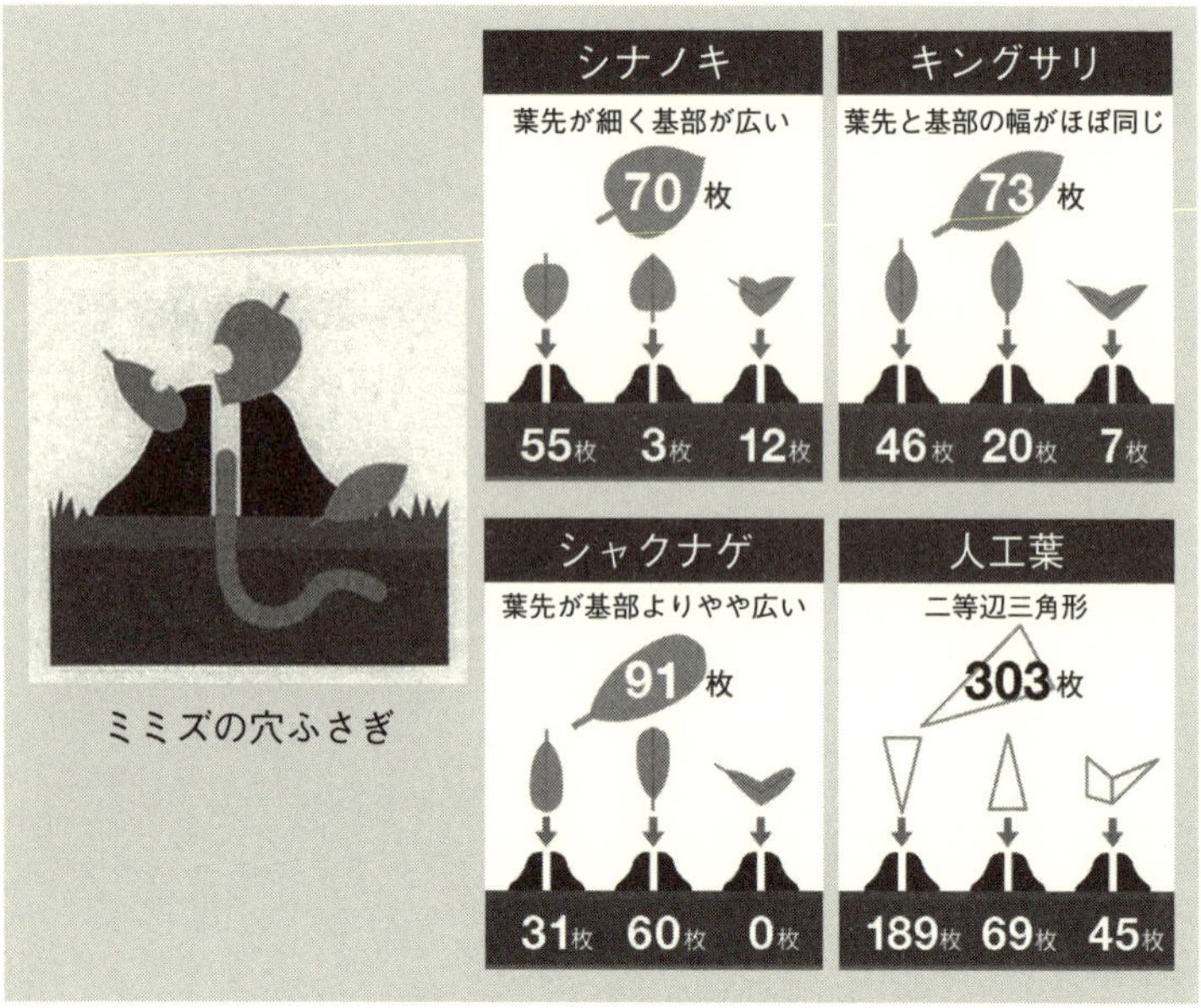
ミミズの穴ふさぎ
シナノキ
葉先が細く基部が広い
70枚
55枚
3枚
12枚
キングサリ
葉先と基部の幅がほぼ同じ
73枚
46枚
20枚
7枚
シャクナゲ
葉先が基部よりやや広い
91枚
31枚
60枚
0枚
人工葉
二等辺三角形
303枚
189枚
69枚
45枚

図3　ミミズの穴ふさぎ

うことである。誰もが、そんなことはとてもありそうもないと思うだろう。しかし、そのような結論に対して自然に生じる不審の念を正当化するだけの知識を、下等動物の神経系について私たちが持っているかどうかは疑わしい。脳神経節が小さいことに関しては、目的に適応できる一定の力を備えた、どれほどの量の遺伝的知識が、働きアリのあの小さな脳の中に入っているかを思い出すべきである」

ミミズが環境から自分に必要なものを柔軟に見つけ出していること、しかも見出した対象が多様であることを見ると、ダーウィンが「知能」があると言った気持がわかる。他との関わりの中で自身のありようをきめていくこの関係は、私たち人間にとっても重要なことである。そして、人間の中でそれを考えていくと、それは知能であり心のはたらきにまでつながっていく。

人間になって突如心が誕生したのではなく、その芽生えは他の生きものの中に見られると考えている生命誌の視点からは、ダーウィンが見出したミミズの「知能」から人間への連続性を考えることは重要に思える。近年それをつなげる一つの切り口として、心理学者ジェームス・ギブソンが提案したアフォーダンスがある。私たちの周囲にある光も水も土も生きものも……すべてのものが、私たちにとっての意味を持っていてそれを提供してくれている、私たちはそれを発見するのだという考え方である。これならミミズも人間も同じところに立てる。ここから出発して、ミミズとはなにか、人間とはなにか、心とはなにかと考えてみることができる。ダーウィンはこのような見方を発見していたと言ってよかろう。このようにしてミミズにまでつながる形で心を考えていくことを精神病理・精神療法の専門家がどう考えられるか、フロイトのこだわりはこれを拒否するのか受け入れてくれるのか……まったくわからないまま、ボールを投げることにしたい。

残念ながら穴ふさぎをするタイプのミミズは日本にはいないのだが、精神の専門家も時に人間以外の生きもの、とくに小さな生きものに眼を向けることで、思いがけない見方が生まれることはないのだろうか。毎日クモやチョウやハチやイモリとつき合っている者としてそんなことを考えるのである。

生命誌は「ふしぎの国」

アリスが「あんたたちなんて、ただのトランプじゃない！」と言ったところで自分をめがけてふりかかってきたと思ったカードは、実は木々の落葉であり、お姉さんが優しく払いのけてくれた。そして、夢からさめたアリスは、お茶の時間に遅れないようにかけ出して行く。えっあなたどこへ行くの、夢だなんて。

実は、この十年ほど「ふしぎの国」に入りこんでしまいそこから抜け出せないでいる。なんだか落ち着かず、居心地がよいとは言えない。できることなら法廷で、この国のめちゃくちゃさ加減を分析し、その結果をトカゲのビルに石板にきちんと書いてもらいたいと思っている。その結果、女王様がすぐに「首を切れい！」と言わないようにさえなれば、なかなか住みやすい国になるような気がしているからだ。ところが、今のところそれはとても難しそうだ。別にウサギを追いかけたわけではない。ＤＮＡに巡り合い、「生きているってどういうことだろう」という素朴な問いを続けているうちにこうなってしまったのである。

二十世紀の初め、量子論、相対性理論など次々と新しい理論を生み出した物理学の中で、常に先を見ていた優れた物理学者たちが、残る謎は生命だと考えた。シュレーディンガー、ボーア、ハイゼンベルクなどである。こうして始まった新しい生物学（分子生物学と呼ばれる）は、生命現象を支える基本物質がＤＮＡであることを見出した。そして、二十世紀半ばにＤＮＡの二重らせん構造が発見されたのである。ワトソン、クリック、ブレンナー、ジャコブ、モノー……専門外の方には呪文のように見えるだろうが、ＤＮＡのはたらきをみごとに解明していった分子生物学のパイオニア達である。ＡＴＧＣという四種の塩基が並ぶ線状高分子であるＤＮＡは、その配列によって作り出すタンパク質を決め、生命現象を支えている。ここでＤＮＡ→ＲＮＡ→タンパク質という情報の流れがあること（セントラル・ドグマと呼ぶ）、ＡＴＧＣの配列は三つ一組になってアミノ酸をきめること（コドンと呼ぶ）などが次々と明らかになった。とくに、ジャコブやモノーらが明らかにした調節という事実は、世界中の若い研究者（私もその一人だった）を魅了した。ＤＮＡの中には必要な時に必要なだけのものをつくるよう調節するはたらきをもつ部分（調節遺伝子）があるというのである。大腸菌は、乳糖を分解しない。しかし、それだけしか与えずに培養すると、その糖自身が調節遺伝子にこれしかないと伝え、それを知ったDNAは乳糖分解酵素をつくるのである。モノーらの研究のすばらしさもだが、それ以上に大腸菌の賢さにただただ感心したことを思い出す。

一九六〇年代のことである。ここでモノーは「大腸菌での真実は象での真実である」と言ったとされている。これで生きるメカニズムはすべてわかったという達成感に充ちた言葉である。物質とエネルギーの関係を $e=mc^2$ という数式で表現できる物理学をお手本に、普遍性を求めるのが科学の進歩としてきた生物学者が、DNAを解析すればそれに近づけると確信したのである。

そこで、分析・還元という方法で、DNA（遺伝子）と生命現象の因果関係を明らかにしていこうとした。私たちの脳は、因果関係を知ると最も安心してわかったという気になるようにできているのではないだろうか。金融緩和政策をとれば暮らし向きがよくなるという単純な因果関係などあるはずがないことは誰もが知っているのに、重大なことほど因果で説明したくなるのだからふしぎだ。金融政策は私の関知するところではない。問題は生命現象、一九七〇年代に入りDNA解析ができるようになってからの分子生物学のことである。

具体的に解析を始めてみたら、すぐに「大腸菌での真実は象での真実ではない」ことが明らかになった。象とは多細胞生物のこと、象ではなくヒトで見て行こう。ヒトゲノム（細胞核の中にある全ＤＮＡ）を解析したところ、一九六〇年代に「わかった！」と言った時に遺伝子と考えていたものは、数にして二万個ほど、ヒトのゲノムの一・五％でしかないことが明らかになった。それ以外、つまり九八・五％はいったい何なのだろうという大きな問いが出てきてしまったのである。二万の遺伝子も個々別々ではなくネットワークを作ってさまざまな生命現象を支えており、その中のある遺伝子がはたらかなくなっても、バイパスを使って何事もなかったように事を進めるなど、機械とはまったく違うところが見えてきた。一つの遺伝子と一つの現象は対応せず、愛の遺伝子はおろか、糖尿病と一対一で対応する遺伝子もがんの遺伝子もないということになってきたのである。単純な因果関係よさらばである。

解析技術は日を追って進歩し、毎日世界中で溢れるほどのデータが出ている。しかしそこから生命現象を支える普遍的法則が見えてきてはいない。むしろ次々と思いもよらないことが明らかになってくるというのが実感だ。たとえば、ゲノムには昔感染した名残と思われるウィルスゲノムの一部が入っている。ヒトゲノムには生命の起源からヒトに到るまでの歴史が書き込まれているのだからそれがあることは納得しよう（六〇年代の分子生物学からは予想できないことだとしても）。しかし、それが私たちの体づくりに関わっていることもあるとなると頭を抱える。具体的には、胎盤にある合胞体という膜が内在性レトロウィルスの被膜にあるタンパク質によって作られるという例がある。合胞体は母親と胎児の血液循環を隔て母親のリンパ球が胎児の血液に入らないようにしている。つまり、胎児の成育には不可欠な構造である。あるものは何でも融通して使うということなのだろうが、誕生の鍵ともなる構造がそれに頼っているというのには驚く。いい加減さと巧みさの一体化だ。

とはいえ、ヒトの体はヒトときまっており、ある日突然他の種に変わることはない。体づくりには約束事があるはずで、何でもありの世界ではない。しかし、法則性と何でもありとの間で、どちらかと言えば、何でもありに近い方にいるのが生きものだという気がする。ポケットから時計を取り出すウサギもヒトゲノムの中ではたらくウィルスに比べたらどうということはない。そんな気分である。

キノコのかけらで身の丈九インチに縮んだりまた元に戻ったりするスケールの変化も、生命誌の世界では日常である。日々対象にしているDNAは直径は二ナノメートル、それがはたらいてでき上がる体はメートルの世界である。スケールの違うこれらの世界を行ったり来たりしながら考えなければDNAのはたらきを実感することはできない。

面白いことをみつけたと思うと半分消えかけることなどよくあり、そんな時はチェシャネコにバカにされているような気になる。日々出されるＤＮＡ解析データは加速度をつけて増えており、池どころか海になっている。その中で溺れそうだ。そこにはネズミはもちろん、アヒルやワシのデータもある。あのなつかしい因果関係でこれを整理できたらすっきりするのにと思うけれど、それはあり得ない。頭を切り換えて、この複雑さに慣れ、それをそのままわかったと言えるようになるのが答だろうと思う。とはいえ、せめてここにある大量のデータの関係くらいはわからせて私なりの物語りにし、それを語りたいと願うのである。トカゲのビルが記録してくれれば、それが「ふしぎの国」の暮らし方の基本になるのではないか。日々思うことはそれである。

「ふしぎの国のアリス」は、みごとな空想物語として評価され、それの比喩的、象徴的解釈が多くなされてきたが、生きものの世界に入りこむと、そこは「ふしぎの国」そのものとしか言えない。そこが私たちの国なのである。

おんなの子という本質を求めて

「日常の中で接するものやことをよく見て、自分の言葉で考え、納得しながら普通に暮らす」。どのような生き方をしてきたのか、またしようと思っているのかを改めて言葉にするとこんなことになるでしょうか。本を読むことは好きですし、古典と言われるものも手にとってきました。ただ、難しい言葉で語られる抽象概念を自分のものにするのは得意ではありません。どうも私の頭にはそのような能力が備わっていないようなのです。

生れつきの能力に加えて、一つの体験がこれを遠ざけているように思えます。太平洋戦争の敗戦です。小学校四年生でした。数えで十歳、そろそろ思春期の始まりであり、自分で考えることができるようになる時です。そんな時に、一日で大人たち、とくに学校の先生のおっしゃることがガラリと変わるという体験をしました。最も頭が混乱したのは教科書の墨塗りでした。もしここで新しい教科書を渡されていたら、それはそれで受け入れていたかもしれません。でも時間も紙もない状態で、これまでの教科書の誤りの部分を消すことになったのです。修身などはほとんど真っ黒、国語もずいぶん消しました。正しいとは何か。それは絶対のものではなく大人の都合でどうにでもなると思わざるを得ないのですから、同世代には人を信用できない気持が今も続いているという仲間も少なくありません。幸い私は、周囲の大人のおかげで人への信頼を失うことはありませんでした。むしろその後、中学・高校・大学・大学院とこれ以上は願えないほどのよい先生に恵まれ、身近な人に教えられてのよい日常を送ってきました。

そこでいつも考えていたのは、身近なこと、小さなこと、メジャーでないこと……そんなところがなんだか落ち着いて好きだということです。子どもの時の体験で正義について感じたように、真とは、善とは、美とは、更には生命とはなにかと問うよりも、日常の具体の中で、考え行動していくことが自分らしく生きることになるという実感です。

その気持を括る鍵となる言葉は、「おんなの子」かもしれない。唐突ですがそう感じています。それを最も適確に示してくれる本としてJ・ウェブスター作「あしながおじさん」をあげることができます。

主人公は孤児院にいた女の子、ジルーシャ・アボットです。十六歳までしかいられない孤児院ですが、成績がよかったので特別に認められて（と言っても働きながらです）女学校へ通わせてもらい、十七歳になりました。孤児院の生活の中でもとびっきり面倒なのが評議員の視察の日。ところが、その日のことを書いた作文「憂鬱な水曜日」がなぜかあるお金持ちの評議員の眼にとまり、大学へ行けることになります。条件はただ一つ、月に一回報告の手紙を書くことだけです。「十七歳まで普通の家の中に入ったことのない生一本で冒険好きな女の子」の発見が綴られるのですが、なぜかそこには私の日常と重なるものがたくさんあるのでした。少し長くなりますが、基本となる部分を引用します。

つまり大学（カレジ）という所は非常に人を満足させる生活なんです。本や勉強や規則正しい授業は、精神的に人をいきいきさせます。それからまた、頭が疲れたら体操をしたり戸外運動をします。そうして、いつも、自分と同じような事を考えてるお友だちが沢山います。……（中略）……最も価値のあるのは、大きな大きな快楽じゃないのです。小さな快楽から沢山の愉快を引き出すことにあるのよ——おじさん、あたしは幸福の真実の秘訣を発見しました。そうしてそれは、「現在」に生きるという事にあるのです。いつまでも過去の事を悔やんでいないで、または、さきのことをくよくよ考えないで、現在こうしているこの瞬間から、できるかぎりの快楽を見いだすことにあるのです。これは、農業みたいなものよ。農業にも大じかけにやる粗放的耕作法と、小さな土地から生産を得ようとする集約的耕作法があるでしょう。そこで、あたしはきょうから集約的な生活をするつもりですの。あたしは、この一秒、一秒をたのしむつもりよ。そうして、たのしんでいる間は、自分が確かにたのしんでいることをはっきり意識してゆくつもりですの。大概の人たちは、ほんとうの生活をしていません。彼らはただ競争しているのです。地平線からはるかに遠くにある目的地（ゴール）へ行き着こうと一生懸命になっているのです。そうして、一気にそこへ行こうとして、息せき切ってあえぐものですから、現に自分たちが歩いているその途中の美しい平和な国も目にはいらないのです。そうしてやっと着いたころには、もうよぼよぼに老いぼれてしまって、へとへとになってしまっているんです。ですから、目的地（ゴール）へ着いても着かなくても、結果に何の違いもありません。あたしは、よしんば大作家になれなくっても、人生の路傍にすわって、小さな幸福を沢山積み上げることにきめました。あなたは、あたしのような思想をいだいている女哲学者をお聞きになったことがおありになって？（遠藤寿子訳）

もう一ヶ所だけ引用します。

こんなにうんざりする事が続けざまに起こるなんて、まああるでしょうか？　人生で、立派な人格を要するのは、大きな困難にぶつかった場合ではないのです。だれだって一大事が起これば奮いたつことができます。また、心を圧しつぶされるような悲しい事にも、勇気をふるって当たることはできます。けれども、毎日のつまらない出来事に、笑いながら当たってゆくには——それこそ勇気がいると思いますわ。（同訳）

日常の中で考え、それに基づいて行動する「おんなの子」の小さな決意がいいなと思います。自分の体験をもとにいっしょうけんめい考えて、断固として私はこうしますと気張っている様子が好きです。こういう本の中の「おんなの子」のほとんどが西欧の子どもたちであるのがちょっと気になりますけれど。E・ケストナーの「二人のロッテ」、「点子ちゃんとアントン」やA・リンドグレーンの「長くつ下のピッピ」はもちろん、「やかまし村シリーズ」の女の子たち、「赤毛のアン」、「モモ」ときりがないので止めますが、誰もが「おんなの子」の中に今ここにある社会とは異なる何かを見つけ出しているように思います。誰の話も黙って聞く「モモ」にみんなの心がどれだけ安らいだことか。でもある日時間銀行の人々が現われます。今ここにモモにいて欲しいと思うのは私だけではないでしょう。グローバル社会と言われ、どこにあるのかわからない大きな力が日常を生きにくいものにしている毎日の中で、「おんなの子」を大事にしていきたいと思っています。

みんな西欧であるのが気になると書きましたが、生命誌を始めてから日本の「おんなの子」を見つけました。「堤中納言物語」の中の「蟲《むし》愛づる姫君」です。十一世紀、平安の都に住む大納言の姫君で、小さな虫を手にし、「これが成らむさまを見む」「烏毛虫の心深きさましたるこそ、心にくけれ」と言ってかわいがります。侍女は汚いと逃げまわり、両親はお嫁に行けないのではと心配します。でもお姫様、「人びとの花、蝶やと愛づるこそ、はかなくあやしけれ。人は、まことあり。本地尋ねたるこそ、心ばへをかしけれ」と基本を説きます。また、「人は、すべて、つくろふ所あるはわろし」と言って、上流の子女には当然とされていた、眉を抜き、お歯黒をつけることをしません。虫の観察のために髪を耳にかけもします。自分の考え通りに自然志向で生きる、断トツの「おんなの子」です。宮崎駿監督「風の谷のナウシカ」のナウシカはこのお姫さまから着想を得ているとのこと。よくわかります。

二十一世紀を象徴してでしょうか。女性大統領や首相が続々誕生しています。皆さん「おんなの子」だとよいのですが。

あとがき

本書は、若い編集者足立朋也さんが、これまで書いた文の中から選んで下さいました。これから自分が考えたいと思うことが書いてあるものばかりですと、若い方に言っていただき、とても嬉しく思いました。書いた立場からは別の選択肢もあるのではないかと思うこともありましたが、読む立場からの選択の方が大切と思い、若い方の提案を大事にしました。新しい社会へ向け、世代を越えて一緒に考えていきましょうという気持からのことであり、タイトルも同じようにして決めました。

「小さき生きものたちの国で」。生きるということを考える時、いつも小さな生きものたちを見つめることから始め、そこから学んできました。チョウ、ハチ、クモ……それらは多様でありながら生き方としては私たち人間と共通するところがたくさんあります。そして、小さくて寿命も短いので、生きることの全体を見て、考えることを促してくれます。

人間の一生を考えると、どうしても自分や身近な人を思い浮かべてしまい客観的視点を持ちにくいのですが、小さな生きものたちですと、それができます。そのうえで、自分の問題につなげて考えると、人間だけを見ている場合より、本質に近づけるような気がします。

もう一つ、私たち人間、生きものとしてはヒトという存在も、自然の中で見れば、実は「小さき生きもの」なのではないかと思う気持も込めました。詩人のまど・みちおさんとは、生きものを見る眼が重なるのを感じ、多くを学んできました。「二本足のノミ」(『てんぷらぴりぴり』)というまどさんの詩は、「テントウムシがほっぺたをのこのこ」歩いた時に、テントウムシの小ささを感じたというところから始まります。それに続いて、「ぼくの、何億何兆ばいも大きななにかがいま天からぼくを見おろしてはいないだろうか。おやわしの足に二本足のノミがいるぞ…」。自然という大きなものの中での人間を考えたらノミやテントウムシのようなとても小さなものに違いありません。私たちはよくはたらく脳を与えられたために、そこから文明を生み出し、とくに科学技術文明の中では自然の支配というとんでもない思い上がりをしてしまったような気がします。もちろん、科学も技術も私たちの暮らしの中の大切な部分であって大切にしなければなりませんが、思い上がりはいけません。「小さきもの」という謙虚な気持を持ちながら、しかし新しいことを探り、皆が生き生きられる社会を夢見てできる限りのことをしていくようにしたいと思うのです。

本書の中にある「夢好み」は、そんな気持をこめた言葉です。この厳しい社会の中で「夢好み」とは何事かと叱られそうですが、これは科学史家で古くからの友人である村上陽一郎さんが、物理学は「骨好み」で化学は「色好み」と評した若者の話をして下さったところから生れました。自然から骨だけ取り出して自然を理解しようとする物理学に対して、化学は色や味も問題にするという学問の特徴を表わしている言葉です。もっとも、現代科学は、結局はすべて「骨好み」、つまり物理学に還元して語れると考えており、今では生物学も分子生物学という言葉に代表されるように骨へと近づけて考えることが求められています。そこでわかってくることの大切さは充分理解したうえで、それで自然がわかったことになるのだろうかという問いは残ります。

こう考えると、生物学は「夢好み」と言えるかな……もちろん科学者社会の言葉にはならないでしょうが、「生命誌研究館」での仕事はこんな気持で進めています。実は、夢の中には毎日ゲノムが登場し、ここまで解析が進んだのだからこの骨についてのデータを「生きているってどういうことだろう」という夢につなげてくれと追い詰めます。夢好みもそんなに甘いものではありません。それに答えたいと強く思いながらとても難しくてなかなか答に近づけないものですから、ここは若い頭脳に是非解決して欲しいと期待しているところです。とはいえ、わがポンコツ頭も少しははたらかせようと、考え続ける日々でもあります。生きもののことをもっと知りたい。その知識を生きものとしての人間が生きやすい社会のしくみにつなげたいという気持は、いくつになっても消えないものですから。お読み下さって、いろいろな御提案などいただけましたらありがたく思います。

中村桂子

二〇一七年一月　思いがけず暖かい日差しの中で新しい年を迎えて

〈初 出〉

真の科学を呼び戻すきっかけに
科学 2012 年 3 月号

豊かな想像力に支えられた「生きる力」
神奈川大学評論 80 号(2015 年 3 月)

生命革命の提案
神奈川大学評論 68 号(2011 年 3 月)

生成の中に生命の基本を探る
思想 2010 年 7 月号

素直に考えれば答は見える
現代思想 2014 年 8 月号

明るい食卓の喜び
岩波新書編集部編『子どもたちの 8 月 15 日』岩波新書 2005 年

全ての子どもに母の手料理を
月刊「望星」編『あの日、あの味——「食の記憶」でたどる昭和史』東海教育研究所 2007 年

あるがままのまどさんの世界
『ことばの花束　まど・みちおのこころ』佼成出版社 2002 年

巨人を仰ぎ見る小人
藤原書店編集部編『多田富雄の世界』藤原書店 2011 年

夢好みの世界を追って
現代思想 2010 年 7 月号

思いきり個人的な柴谷論
現代思想 2012年8月号

爽やかな風が吹くとき
中日新聞 2015年5月13日夕刊

賢治に学ぶ「本当のかしこさ」
中日新聞 2011年8月24日夕刊

自然の物語りを聞く
三田文学 2015年冬季号

女性科学者の時代
考える人 2009年夏号

おかしな競争を生む社会
中日新聞 2015年12月16日夕刊

時代をつくり続けるワトソンとDNA
本 2012年12月号

ニホンミツバチに学ぶ
潮 2010年5月号

ミミズを見て心について考える
臨床精神病理 35巻2号(2014年8月)

生命誌は「ふしぎの国」
ユリイカ 2015年3月臨時増刊号

おんなの子という本質を求めて
Aspen Fellow No.30(2016年9月)

小《ちい》さき生《い》きものたちの国《くに》で

2017年3月 1 日　　第1刷印刷
2017年3月11日　　第1刷発行

著　者　　中村桂子《なかむらけいこ》

発行者　　清水一人
発行所　　青土社
〒101-0051　東京都千代田区神田神保町1-29　市瀬ビル
電話　03-3291-9831（編集部）　03-3294-7829（営業部）
振替　00190-7-192955

印　刷
製　本　　シナノ印刷

装　幀　　岡 孝治
Cover photo：© Johan Swanepoel/Shutterstock

ISBN978-4-7917-6971-1